岩波科学ライブラリー 243

オーロラ！

片岡龍峰

岩波書店

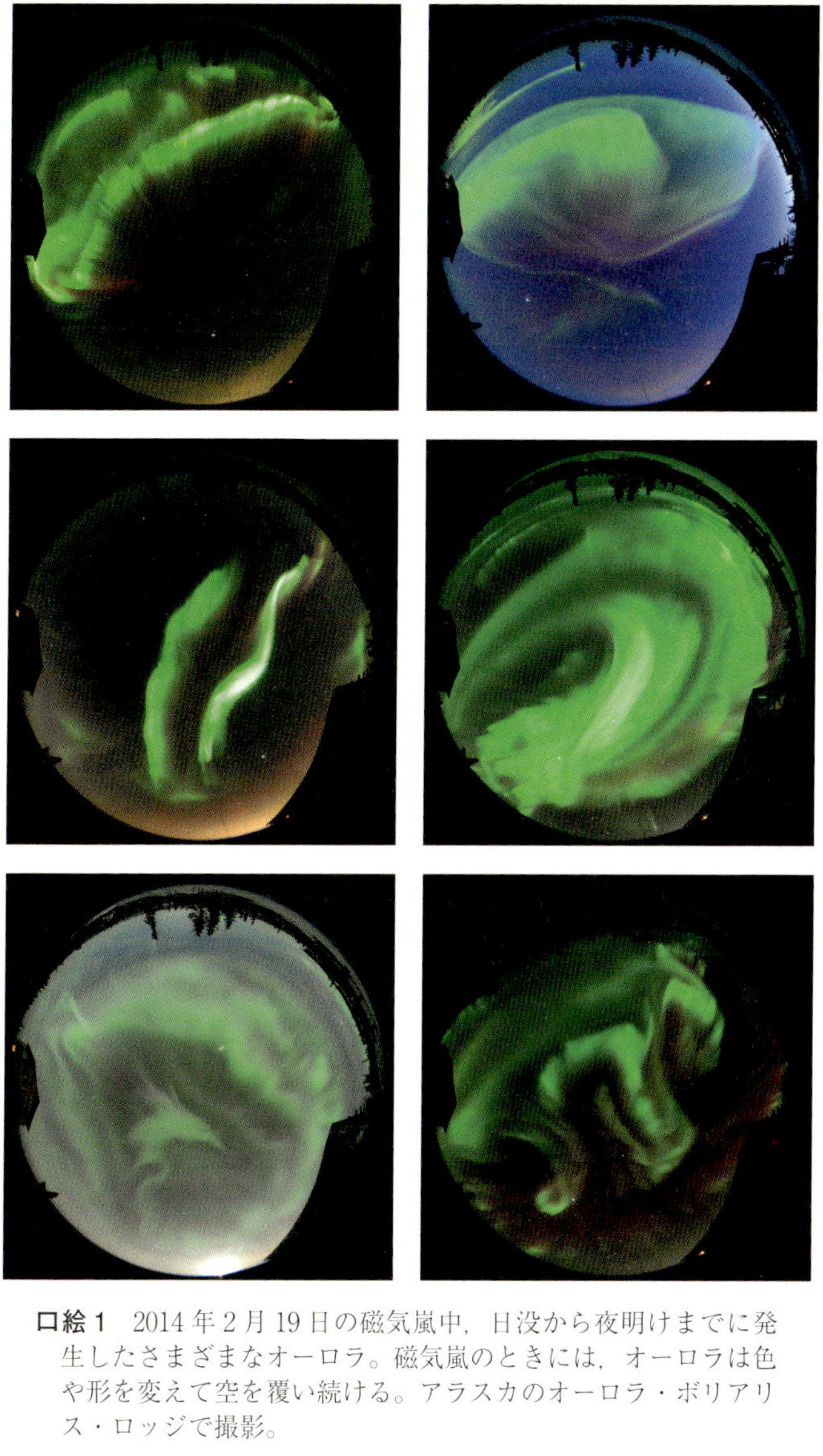

口絵 1　2014 年 2 月 19 日の磁気嵐中，日没から夜明けまでに発生したさまざまなオーロラ。磁気嵐のときには，オーロラは色や形を変えて空を覆い続ける。アラスカのオーロラ・ボリアリス・ロッジで撮影。

口絵 2　トロムソ大学のオーロラ観測所に飾ってある絵。

口絵 3　皆既日食。赤いプロミネンスも見える。2015 年 3 月 20 日，ロングイヤービエンで撮影。©Pål Ellingsen KHO/UNIS.

口絵4　ブレークアップ。2012年3月1日，アラスカのポーカーフラット実験場で撮影。

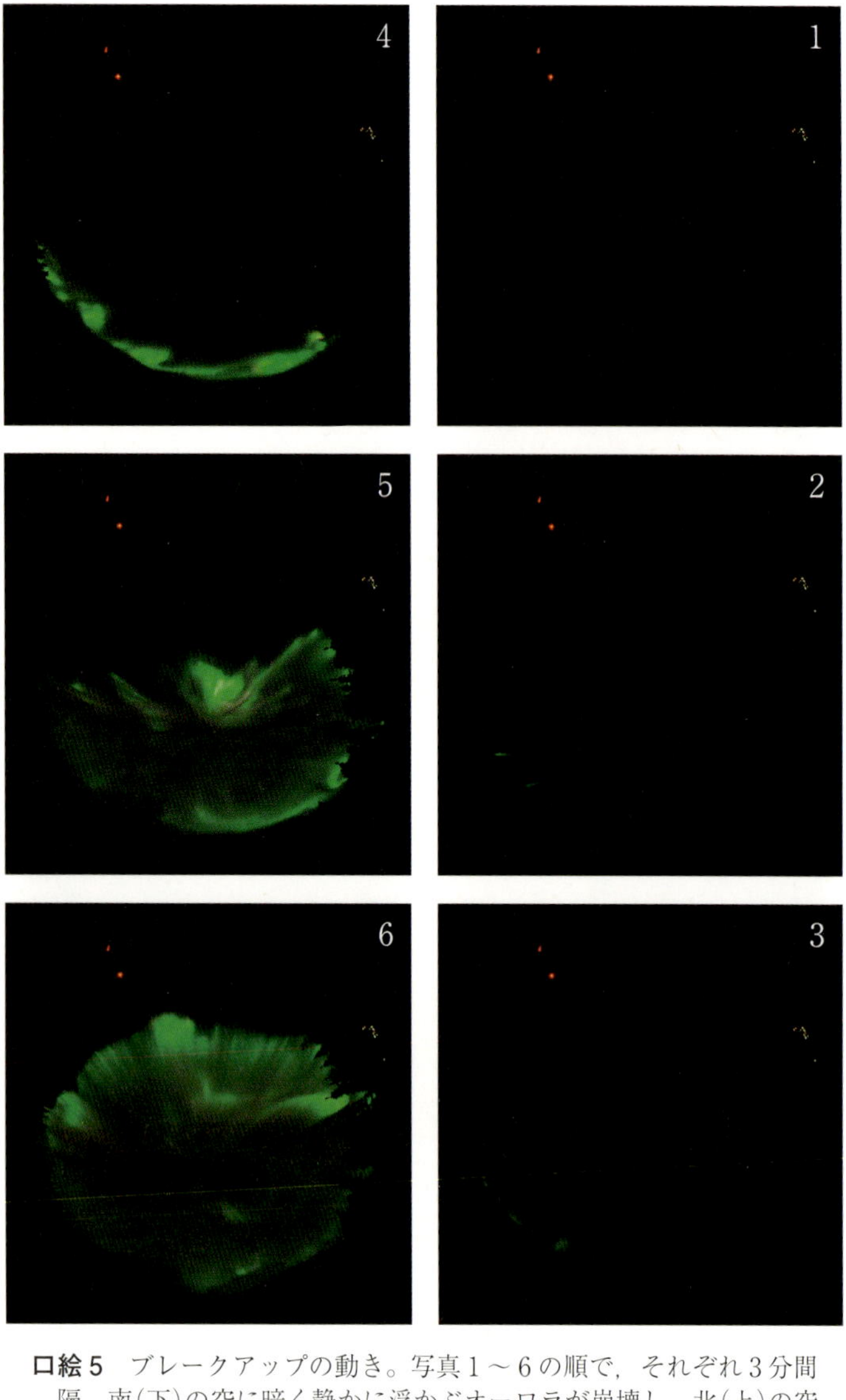

口絵 5　ブレークアップの動き。写真 1 ～ 6 の順で，それぞれ 3 分間隔。南(下)の空に暗く静かに浮かぶオーロラが崩壊し，北(上)の空まで一気に広がっていく。2011 年 3 月 1 日，ポーカーフラット実験場で撮影。

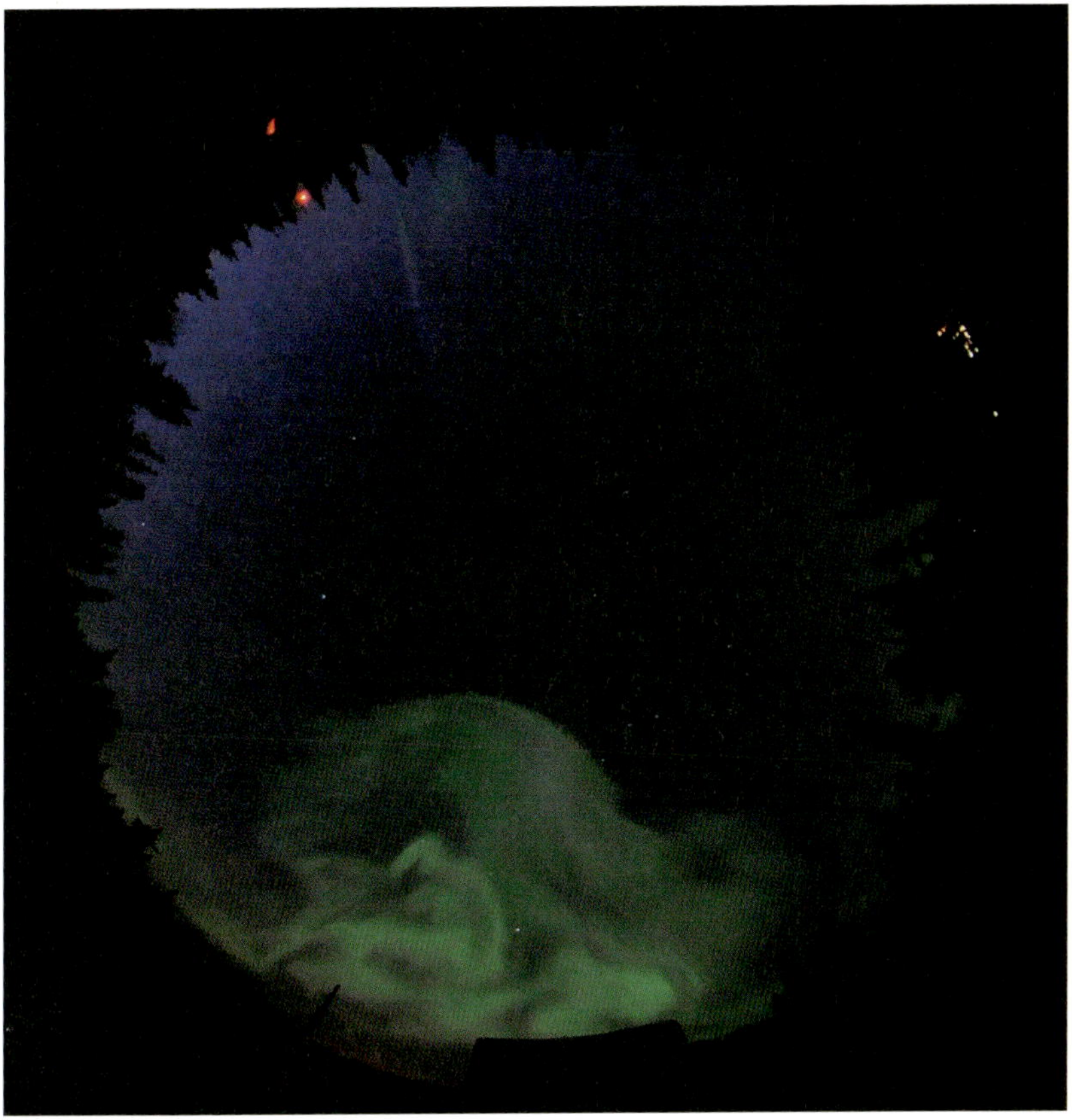

口絵 6　夜明け前，東に流れるディフューズオーロラ。2011 年 3 月 1 日，ポーカーフラット実験場で撮影。

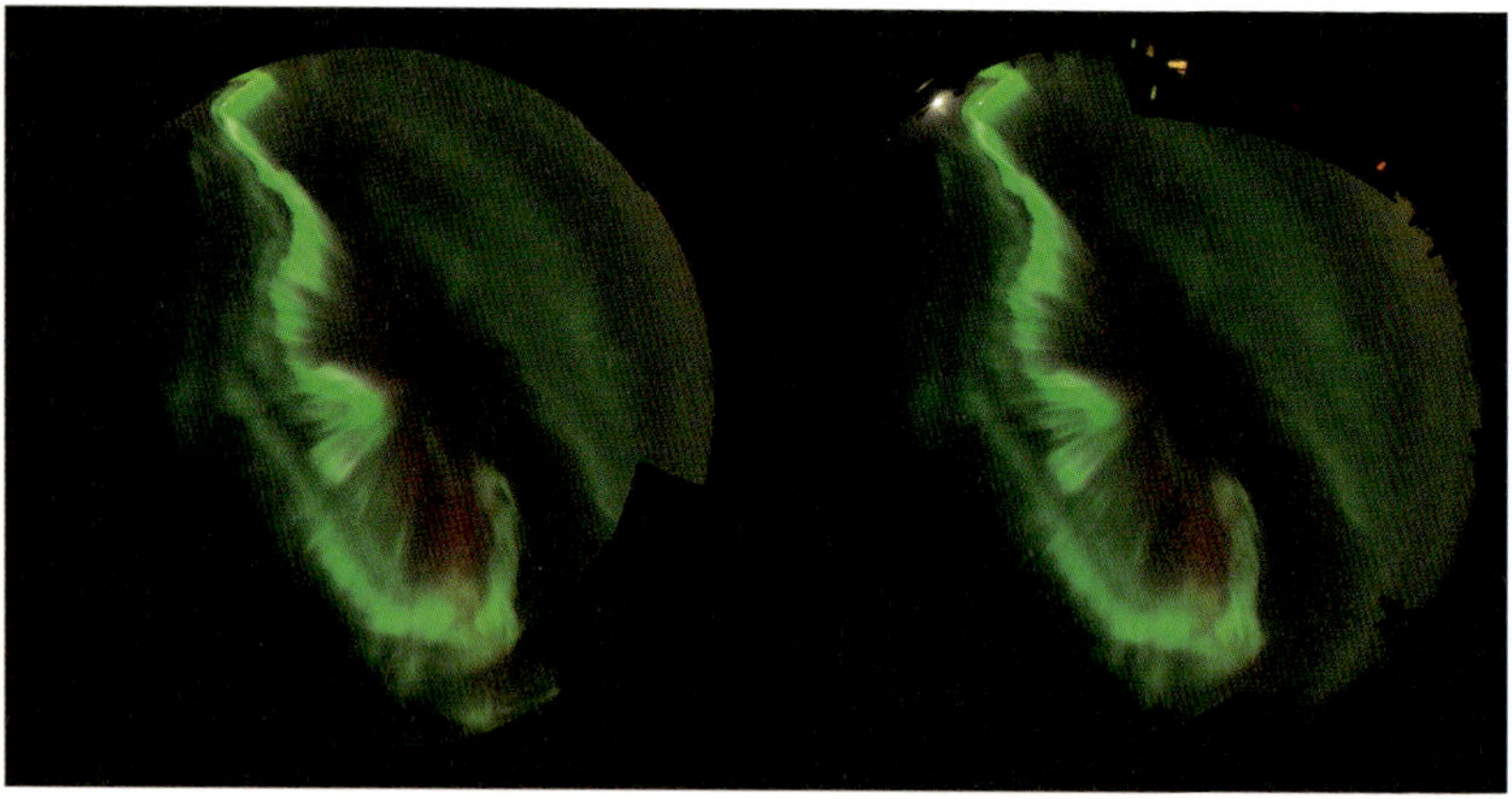

口絵 7　オーロラの3D撮影。2013年3月17日の磁気嵐中に，アラスカのポーカーフラット実験場(左)と，8 km 離れたオーロラ・ボリアリス・ロッジ(右)で撮影した。

口絵 8　立体視測定法で求めたオーロラの高さ分布。数字は光っている高さ(km)。黄色に近い数字ほど高い。

口絵 9　北海道で 11 年ぶりに観測された，2015 年 3 月 18 日のオーロラ。国際宇宙ステーションが通過している。なよろ市立天文台「きたすばる」中島克仁氏撮影。

口絵 10　ニュージーランドで撮影された磁気嵐中のオーロラ。珍しい共鳴散乱のピンクが出て，水面反射まで見せる，まさに奇跡の 1 枚。2015 年 4 月 16 日，KAGAYA 氏撮影。

はじめに

オーロラの本は数多く出版されていますが、タイトルに「！」がついているとは何事だろうと思われた方も多いのでは、と思います。私も、岩波書店から本タイトルを提案していただいたときには「！」と思いました。しかし、ザ・非日常としてのオーロラを表現するには案外ピッタリかもしれないと直感もしました。そして、今のオーロラ研究を通して頭と体で感じている驚きと感動の「！」を、飾らない言葉でありのままに、誰でも気軽に読めるような本を書きたいと思いました。

本書は、オーロラの不思議を、この小さな本にギュッと閉じ込めようという挑戦です。前半では、オーロラの秘密のベールがはがされてきた過去100年間を一気に振り返り、最近のコンピュータ・シミュレーションによって50年の常識が覆されつつあるオーロラの発電について紹介します。この新しいオーロラ発電を解説した本は、おそらく本書が初めてなので、オーロラに詳しい読者ほど驚かれることでしょう。リラックスした雰囲気で楽しんでいただけるよう、学生を相手にホワイトボードに絵を描いていく要領で説明を試みました。

後半は、オーロラの「真の姿」に迫りつつあるオーロラ観測の最前線を紹介します。厳しい大自然に突撃して宇宙を見つめる、いまの研究現場の奮闘を、笑いながら読み進めていただければ幸いです。最後の章は、日ごろの悩みが吹き飛ぶような宇宙スケールのオーロラの意味について、ぜひ多くの人と共有したい、という前のめりの気持ちで書きました。オーロラという究極の自然現象から、私たちが学ぶことの豊富なこと！

それでは、「オーロラ！」を、お楽しみください。

目　次

1　オーロラはなぜ光るのか？

オーロラの守りは堅く、人間がその秘密の扉を開くのは、遠い未来のことかもしれない。
――カール・ステルマー
『The Polar Aurora』(Oxford University Press, 1955)

オーロラはどこからくるのか？

オーロラほど不思議な光はない。冷たい炎のような光が色を変え、形を変え、音もたてずに空を舞う姿の圧倒的な不思議さには、驚きと畏怖の言葉が尽きない(口絵1)。実際に、天を自由に暴れまわるオーロラを仰ぎ立ち尽くしていると、その正体を探ろうというのは大それた考えであって、動物の一種である人間が触れてはいけない神秘のように感じることもある。ミジンコになったような気持ちになる。

しかし、ひとしきり時間が過ぎれば、あの不思議な光はどこからくるのだろう、一体どこ

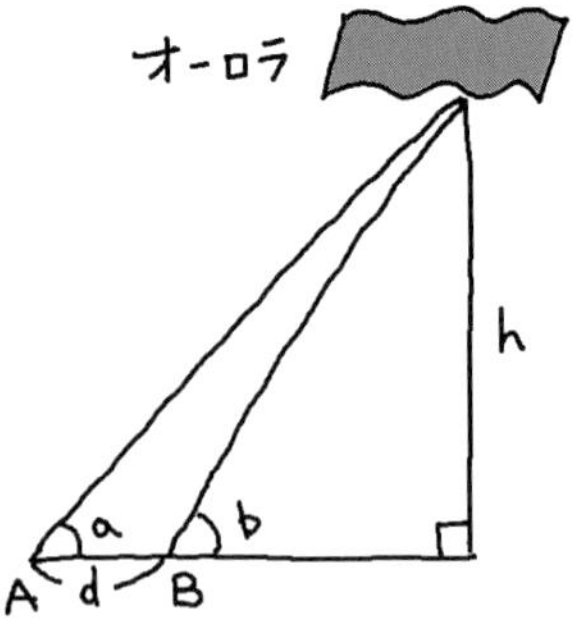

図1　オーロラの高さの三角測量。オーロラの高さhはA地点とB地点の距離dと仰角aとbから求められる。

で何が光っているのだろう、と考え始めてしまう。

オーロラの光はどこからくるのだろう。鳥になって一気にオーロラまで羽ばたき、手に取って確かめるのが手っトリ早いと錯覚してしまうかもしれない。しかし、残念ながら、鳥どころか飛行機でさえ、オーロラには遥か遠く及ばない。

では、オーロラの光っている高さを知るには、どうしたらよいのだろう。

地上からオーロラの高さを知るには、図１のように三角測量で測定すればよいはずだ。しかしそれでも、オーロラの高さは、つい１００年前まで正確な測定ができなかった。オーロラの高さの精密な三角測量をするためには、現代の私たちが普段から使っている、ある装置の発明が必要だったのである。

たとえばいま、研究に行き詰まって暇を持て余している大学院生のAさんとB君が、深夜12時をまわった研究室の窓に映ったオーロラに気づき、三角測量に挑戦したとしよう。２人はガタッと屋上に駆け上がり、南北にフォーメーションを組む。「北のオーロラを撮ってみよう、3、2、1、ハイキタ！」「東のオーロラが明るくなってきました！　フォーメーションを東西に変えましょう！」などと大声でターゲットとなるオーロラを確認しながら移動し、何度も同時にシャッターを切り続ける。

このように、声が届く程度の距離をとって、同時にオーロラを撮影したとしても、撮影されたオーロラの姿はまったく同じであり、2人のあいだで角度差(図1のaとbの差)は得られていない。せまい屋上で三角測量をするには、オーロラは高すぎるのだ。オーロラの神秘の第一歩、オーロラがどれくらい遠くの光なのかを見極めるには、AさんとB君はどうすればいいのだろうか。

絵画の中の電話おじさん

北緯69度、ノルウェーのトロムソ大学に、オーロラの観測所がある。ここの入口のロビーには、オーロラを背景に佇むおじさんの絵画が掛けてある。絵画の隅に描かれた黒電話がひときわ目立つ(口絵2)。

このおじさんこそ本章の主役、カール・ステルマーだ。およそ100年前、オーロラの高さを突き止めたノルウェーの科学者である。撮影の難しいオーロラを写真に捉える技術において飛び抜けた名人だ。もともとは数学の研究をしていたが、クリスチャン・ビルケランドの発明したオーロラ発生装置「テレラ」を見て以来、ステルマーは生涯オーロラの研究に没頭する。

オーロラの高さを求めるべく、ステルマーが使ったのは電話だった。当時の最先端技術であった電話を駆使して、新宿と立川くらいの距離、20kmも30kmも離れた弟子と連絡を取り合いながら同じオーロラの写真を同時に撮影し、オーロラの高さの精密な三角測量を何度も何度も繰り返したのだ。その写真乾板は4万枚を超えるというから超人である。そうして、オーロラが地上から100km、高いものでは1000kmというような驚くべき高さで光っているということを、とうとう突き止めたのだ。

オーロラは何度でも現れてくれる。先ほどのAさんなら、次のチャンスが来たらB君を屋上に残し、すぐに南の隣町まで車で走るといい。あとはケータイで連絡を取り合いながら、北のオーロラに狙いを定めて撮影すれば、オーロラの高さが突き止められるはずだ。

さて、これでオーロラの高さはわかった。そんなに高いところで光るオーロラは、いったい「何が」光っているのだろう。

空の終わりの酸素原子

オーロラの光る高さまで、少しずつ高度をあげていくことにしよう。たとえば山を登ると空気が薄くなる。おやつ的に言えば、ポテトチップスの袋がパンパンになる。物理的に言えば、ポテトチップスの袋を押さえつけている気圧が低くなる。この空気は、窒素分子が8割、酸素分子が2割である。

しかし、この8割2割というバランスが保たれているのは、高さ80kmほどまでだ。ここから先は、いわば空の終わりである。空気よりも軽い酸素原子が一気に増え始める。そして、高さ100kmを超える宇宙空間になると、酸素原子が大気の大部分を占めるようになる。高さ400kmの国際宇宙ステーションまで行けば、気圧は地上の1000億分の1にまで低下する。ほとんど真空だ。オーロラが光るのは、そんな空の果ての宇宙空間なのである。

ほとんど真空の状況に置かれた酸素原子は孤独だ。まわりに仲間の酸素原子はいない。気圧の高い地上で酸素分子だったときはよかった。まわりを見渡せば仲間の酸素分子たちに溢れ、ちょっとしたイライラも仲間にぶつかることで解消できた。しかし、いまは違う。自分がだれかから叩かれて受けたエネルギーは、自分で解消しなければならない。

私たちはカラオケで熱唱することで、カロリーやストレスを解消できる。一方、空の終わりの孤独な酸素原子は、いったんエネルギーを受けとめてしまうと(励起状態)、仲間とぶつかってエネルギーを失うこともできず、その余分なエネルギーを緑や赤の光として放つことでしか元(基底状態)に戻れない。そう、オーロラの緑や赤は、酸素原子がエネルギーを受けたときに、自然に出てくる色なのだ。

緑の光を放つには0・7秒かかるが、赤の光を放つには110秒の時間がかかる。したがって、オーロラの赤は、緑が光る場所よりももっと真空に近い、110秒ほど励起状態のまま仲間と会わずに漂うことができるほど空気が薄い状況、つまり、より高い場所でないと光ることができない。上が赤く下が緑という、あのオーロラのクリスマスカラーは、酸素原子が作り出したグラデーションだったのである。

オーロラの緑の光の波長は1867年に、スウェーデンの物理学者オングストロームによって正確に測定されている。しかしそれから長い間、オーロラの緑が何に由来する色なのかはわからなかった。地上には存在しない元素の光という説もあったようだ。酸素原子の緑を実験室で作り出すことに成功し、この難問を1925年に解明したのが、カナダのトロント大学にいたマクレナンとシュラムだ。

それまでの実験では、緑を発光するまでにかかる0・7秒の間に、励起状態の酸素原子が他の原子や分子、あるいは容器の壁に衝突してしまっていたことが問題だった。そこで、マクレナンとシュラムは、酸素原子と衝突してもエネルギーを減らさないヘリウムガスを一緒に容器に入れるという妙案を思いついた。酸素原子がヘリウムガスとばかり衝突し、なかなか壁にぶつからない状況を作ったのだ。こうして、空の終わりの孤独な酸素原子は「発見」されたのである。

光の三原色といえば、赤と緑と青だ。赤と緑は酸素原子から出るとして、せっかくだから青もセットで覚えておこう。ちょうど、窒素分子イオンが青を出すことが知られている。その波長はオングストローム(0・1nmと同じ)という単位で、4278。緑は5577、赤が6300だ。これらの数字は、「ヨンニー」「ゴーゴー」「ロクサン」と省略されて、オーロラフリークの会話に頻繁に登場する。

オーロラの色の数は、もちろん三色だけではない。かといって、虹のように紫から赤までのすべての色があるわけでもない。大気を構成する原子、分子、イオンの種類と励起状態の数だけ、オーロラの色がある。赤、緑、青のほかには、たとえば窒素分子が出すピンク色がある。激しく動き回るオーロラの裾は、この窒素分子のピンク色に彩られることが多い。

かくして、一つまた一つと謎が解け、あらたな謎が見えてくる。オーロラはどこで光っているのか?——宇宙。何が光っているのか?——「何らかの」エネルギーによって励起された酸素原子や窒素分子。

それでは、オーロラは「なぜ」光っているのだろうか。つまり、空の終わりの酸素原子や窒素分子たちを叩くエネルギーは何であり、どこからくるのだろうか。いよいよ、オーロラのベールに包み隠された、壮大な物語の入り口が近づいてきた。

オーロラの冠

オーロラの光を生むエネルギーの源を知るために、まずはいったんミクロな世界を離れて、オーロラの全体像をつかんでみよう。

オーロラ観光に行くとしたらどこに行ってみたい？というのは、ビールのおつまみにピッタリの話題である。アメリカのアラスカ州、カナダ、グリーンランド、アイスランド、ノルウェー、スウェーデン、フィンランド。どこも寒そうだ。

こうした国や地域はまず、緯度が高い。と言っても北に行けば行くほどよいわけではなく、北極の近くでは、逆にオーロラは見えなくなってしまう。

つまりオーロラは、地球規模で「輪」を形づくっているのだ。このオーロラの輪は、図2のように、太陽が照らす地球の片側(昼側、と呼ぶ)では比較的高い緯度まで、夜側は低い緯度まで広がるように歪んだ輪なので、オーロラオーバル(オーバルは「楕円形」の意味)と呼ばれている。

２０１４年の2月末のこと、北緯78度、ノルウェーのロングイヤービエンという町を訪ねていた私は、このオーロラの輪の内側に入っていたことを実感した。オーロラが一晩中荒れ狂うに決まっている、磁気嵐と呼ばれる絶好のタイミングのはずなのに、オーロラは遥か遠くに見える南の山際から柱のように赤く突き出すばかりで、北はもちろんのこと、頭上ですらオーロラが舞うことはなかった。私は北に来すぎたのだ。

あまりオーロラの光らない、オーロラの輪の内側は「極冠」と呼ばれている。ただし、この極冠の中が宝石のようにキラキラしたオーロラで埋め尽くされるようなことも時折あるようで、まだ謎も多い。

さて、地球を取り巻く輪っか状のオーロラオーバルを光らせる、そんなエネルギーはいったい何なのだろうか、というところに話を戻そう。

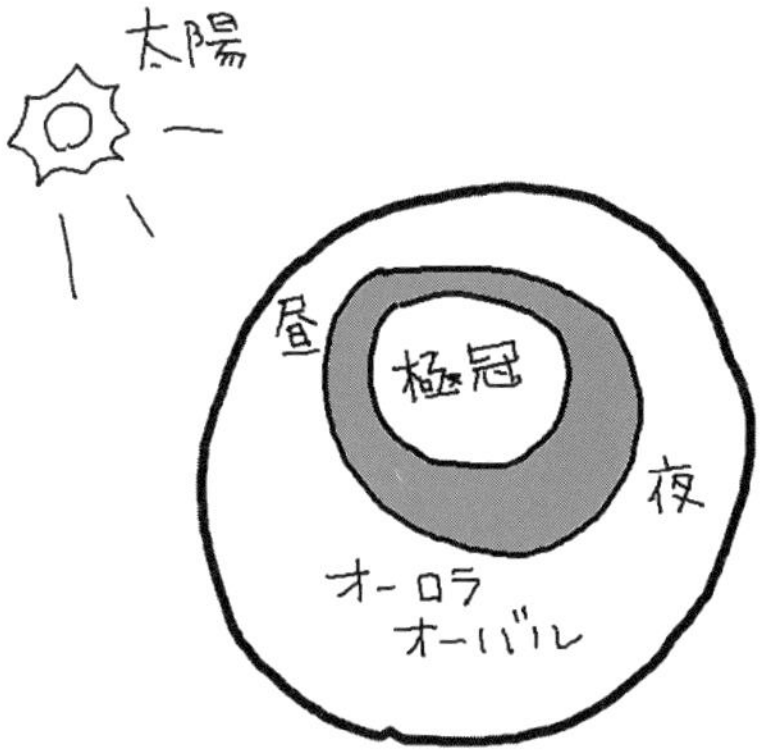

図 2　オーロラオーバルと極冠。

巨大電気うなぎ

今から約270年前、江戸時代の寛保元年のこと。温度の「摂氏」で有名なスウェーデンの天文学者セルシウスの助手ヒオルターは、次のような日記を残している。「オーロラが磁針の動きと同時に現れるなどとは考えもしなかった。

私がそれに気づいたのは、１７４1年3月1日のことであった」。明るいオーロラが出ているとき、方位磁針がわずかに向きを変えるということに、彼は気づいたのだ。

それから約80年がたった１８２０年、コペンハーゲン大学の物理学者エルステッドは、電流の流れる導線のそばに方位磁針をおくと、その針が動くということを発見している。ここで、フェイスブックの「いいね！」の右手を思い浮かべてほしい。この右手の親指の方向に電流が流れると、ほかの4本の指の方向に渦を巻くように磁場が発生することは、今では「右ねじの法則」として知られている。

オーロラが出ているときにコンパスが揺れ動く、つまり磁場が乱れるという事実と、磁場と電流はつねに関係している、という物理法則を組み合わせてみると、あるヒントが浮かびあがってくる。オーロラと磁場が関係していて、磁場と電流が関係している。つまり、オーロラと電流が関係しているのではないか、ということだ。

ところで、電流はどこからくるのだろう。私たち現代人が使う電流についていえば、たいていが発電所から来ている。自分で発電できる電気うなぎとはまるで事情が違っている。私たちは、１基あたり１００万kWほどの電力を生み出す発電所を世界中にたくさん作り、その発電所から電流の流れている電線を張り巡らせることで、便利な暮らしを送ることができるのだ。

ところが、地球から少し離れた近場の宇宙は、むしろ電気うなぎのように、10億kWもの電力を自分で発電していることがわかっている。そしてその電力は電流として、特にオーロラオーバルに集中的に流し込まれる。そう、空の終わりの酸素原子を叩くエネルギーの正体は、この電流なのだ。この大電流、すなわち猛スピードで流れる大量の電子が、酸素原子にぶつかることで、酸素原子が励起されていたのである。

なお先述のビルケランドは、「オーロラには、宇宙から強力な電流が流れ込んでいる」と提唱したことでも有名だ。彼の名前をとって、この宇宙から大気へ流れ込む電流は、今では「ビルケランド電流」とも呼ばれている。

冠を授かるには地磁気をまとえ

では、なぜ電流はオーロラオーバルに集中して流れるのだろうか。オーロラの研究者を町で見かけたら、ぜひ問いかけてみてほしい。オーロラオーバルに電流が集中する仕組みの全体像については、まだ学会でも論争があるため、目を見開いてプラズマのように熱く語り出すことは火をみるよりも明らかだ。詳しくは第2章で述べるので、ここでは、この難問を解くためのヒントを1つだけ挙げて、第1章の締めくくりとしよう。直球ではなく、変化球だ。違う角度から、あるいはまるっきり逆サイドから地球を見てみると、南半球でもオーロラ

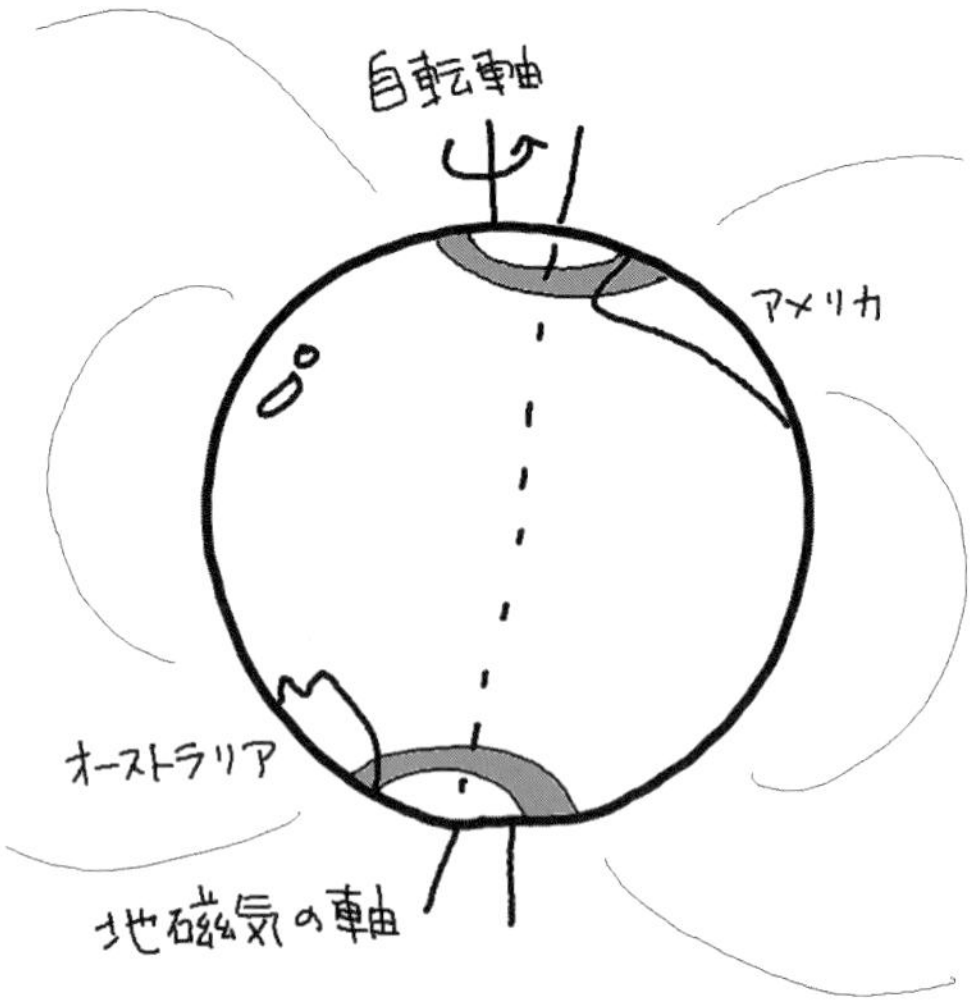

図3　地磁気の軸は，自転軸に対して傾いている。

が見えていることに気づく。北半球と同じく、南半球の空でも、オーロラは輪を描いて光っているのだ。この北半球と南半球にかかる2つのオーロラの輪の共通点から、何かヒントが得られないものか。そんな思いでオーロラオーバルを観察してみれば、北半球の輪は北極点よりも少しアメリカ寄りのほうを中心にして光っていて、南半球の輪の中心は南極点よりもオーストラリアのほうに寄っていることに気づく(図3)。

地球という惑星は、しっかりとした磁場をまとっている。この地磁気は、おおざっぱに言えば、棒磁石の作る磁場とまったく同じ、双極子磁場として近似できる。そしてこの、地球の棒磁石は、自転軸と同じ方向を向いているというよりも、北半球側ではアメリカのほうに、南半球側ではオーストラリアのほうに少し傾いている。つまり、オーロラは地磁気の軸のまわりに輪となって分布しているのである。

私たちが普段使っている地理緯度は自転軸が基準になっているが、地磁気の軸を基準にした磁気緯度が同じ場所であれば、同じようなオーロラが見られる。オーロラの観光地として知られる町のほとんどは、磁気緯度が65度前後、ちょうど真夜中ごろにオーロラが真上に見えやすい地域だ。ちなみに、南極の昭和基地は磁気緯度70度だが、ほかの地域と比べて地磁気が弱いせいで、オーロラが数割増しで大きく見えているらしい（実際にそう感じたことがあるという人には、私はまだ会ったことはないが）。

それではなぜオーロラは、地磁気の軸のまわりに分布するのか。先述の電話おじさんは、この謎に迫ったことでも有名だ。

電子には、磁場に巻きつくという性質がある。ステルマーはここから出発した。彼は、電子が磁場に巻きついて猛スピードで動く様子を、数学を駆使して何度も何度も計算したのだ。その結果、電子は地磁気の軸のまわりにドーナツ状に溜まりやすく、そして輪のような場所に集中して落ちやすい、という結論にいたる。つまり、「なぜオーロラは輪になるのか」という問いの答えが地磁気にあることは、ステルマーの時代には、すでにほぼ明らかになっていたのだ。

ここまでの発見をいったんまとめてみよう。地球が磁場をまとっていることによって、電子は地磁気に捕らえられ、オーロラオーバルの近くに輪のように電子が流れ込みやすい状況になっている。そこで、猛スピードで大気へ流れ込んだ電子が、空の終わりの酸素原子と衝突して、オーロラを光らせていたのである。しかし、電子を猛スピードで流すためのエネルギーがどこからくるのか、つまりどこでどうやって発電しているのかという問題が、まだ解決していない。

そして、ここで1つ気になることがある。オーロラが実際に出ている緯度と、ステルマーの理論計算で電子が集中すると予測された緯度とは「微妙に」違っていたのだ。実は、この微妙な違いこそが、「オーロラのエネルギーの源はどこなのか?」、言い換えれば「巨大電気うなぎの正体は何か?」という、オーロラの神秘のベール第2幕の入り口となるのである。

コラム　研究のきっかけ

「オーロラを研究することになったきっかけは何ですか？」と聞かれることがよくあります。誤解のないよう、このコラムに、ありのままを記録しておきたいと思います。私は、オーロラを見て感動して研究を始めたわけではありません。

高校生のころ、「できれば地球と宇宙の専門的なことを両方とも学べる大学に入りたい」と真剣に考えて受験勉強していたことは、よく覚えています。涙ぐましい努力が実り、地元の東北大学に入学しました。大学3年生のときに研究室を選ぶタイミングがあり、オーロラの研究で有名な福西浩教授の研究室を選びました。南極に何度も出かけてオーロラを調べている、というスケールの大きさに驚きました。もちろん「オーロラを見てみたい！」とも思いました。研究室の先輩たちの話を聞いていて、アメリカのベル研究所にも留学できるかも、という一言が、とても気になりました。私は、初めての研究テーマとして、昼の時間帯にオーロラが見られるという、意外性抜群の「昼側オーロラ」の研究に取り組みました。南極大陸で観測された貴重なデータがほとんど手つかずということで、まだ見たことのない昼側オーロラの出現特性を調べはじめました。

転機となった瞬間はよく覚えています。無事に大学院に進学した春、研究室の廊下で福西先生とすれ違いざまに勇気を出して、「ベル研に行きたいのですが」とボソッと相談したのです。福西先生は、「わかりました」とだけ言って必要な手配をしてくれ、大冒険に突入しました。初めてパスポートを作り、東海岸のニュージャージー州へ飛び立ちました。腕時計も辞書も忘れました。まともに英語も喋れない私を、ベル研のルー・ランゼロッティ博士とキャロル・マクレナン博士は温かく迎えてくれました。

日本で調べていた昼側オーロラの画像データと、ベル研の磁場データとを、夏休みの3ヶ月間、毎日必死に分析しました。マーレイヒルやサミットと言った地名のとおり、丘が多く、自転車でスピードを出しすぎてよく転んでいました。週末は1人マンハッタンへ社会勉強に出て過ごしました。帰国する頃には、すっかりアメリカかぶれになっていました。

その時点で、まだ私は本物のオーロラを見たことがありませんでした。そして、夜のオーロラではなく、昼のオーロラに特化して研究していたのです。かなり変です。いま、このコラムを書いていて気づきましたが、私は、まだ本物の昼側オーロラを見たことがありません。いつか、赤紫に輝く本物の昼側オーロラを見てみたいものです。

2 発電する宇宙空間

電磁気学の通常の定式化は、静的な電磁場、それから電磁放射のことに重点が置かれている。しかし、わたしたちが知りたいのは宇宙を支配する電磁気学、つまり、惑星の磁気圏や、恒星、銀河といった宇宙空間全体を渦巻くプラズマと共に運ばれる大規模な磁場のことだ。　――ユージン・パーカー
『Conversations on Electric and Magnetic Fields in the Cosmos』
(Princeton University Press, 2007)

コロナの輝き

皆既日食を見たことはあるだろうか？　私は、まだ見たことがない。

あれは忘れもしない２００９年７月。初めて買った一眼レフカメラ・ニコンＤ90のマニュアルを握りしめて奄美大島に渡った。焼けつくような暑さ。じっと空を仰ぎ、月が太陽を覆い隠すその神秘の瞬間を待つ。太陽が欠け始め、そして完全に覆いつくしてしまった瞬間、

暗くなり、寒くなり、風が吹いた。薄い雲越しに、うっすらと太陽コロナの光の輪が見えたような、そんな気がした。自信はない。念のため写真を撮影して確認すると、確かに光の輪が写っていた。しかし、ほんのり雲が邪魔をして、くっきりとした流線型の模様が見えない。これには悔しい思いをした。私は、皆既日食で肉眼でも見えるようになるという、太陽コロナのキラッキラの輝きを自分の目で見たかったのである。というのも、オーロラの研究者としては、太陽コロナは、ぜひとも目に焼き付けておかねばならない理由があるのだ。

太陽はまぶしい。いつも私たちが見ている太陽は、6000度程度の水素ガスの球であり、その熱が発する強烈な光が、太陽系のあらゆる惑星を照らす究極のエネルギーの源であることには疑いの余地がない。そして太陽は、コロナと呼ばれる希薄な大気を広くまとっていることが知られている。コロナは熱く熱せられて100万度を超えているため、その主成分である水素原子が陽子と電子とに分かれ、好き勝手に動きまわる「プラズマ」と呼ばれる状態になっている。

あまり難しく考える必要はない。物体を熱くしていくと、固体、液体、気体、という風に、あふれるエネルギーによって原子分子がどんどん離れ離れになっていき、ついには原子分子から電子まで離れてバラバラになる。この状態がプラズマだ。ファンタジーでは、土、水、風、火だ。実は、宇宙空間はプラズマで埋め尽くされていると言っても過言ではない。私たちのまわりにあふれている固体、液体、気体のほうが、宇宙空間ではマイナーな存在なのだ。

コロナの美しい模様(口絵3)を見ていると、太陽の表面を出発して宇宙空間へ伸びて広がっていることに気づく。コロナはどこまで広がっているのだろうか?

どこまでも広がろうとするコロナを引き止めてくれるのは、太陽から離れるほどに弱まっていく、太陽の重力だけである。距離の自乗で後ろ髪をひかれながらも、その重力を振り切ったコロナのプラズマは、いきなり音速を超えたスピードにまで加速して宇宙空間へ流れ出す。1958年にパーカーが理論的に予言して「太陽風」と名づけた、超音速のプラズマの流れだ。コロナは太陽風になり、太陽風はオーロラを光らせる源となる。これが、私がコロナを見たかった理由である。コロナの輝きとオーロラの輝きは、切っても切り離せない関係にあるのだ。

太陽のダークサイドに操られ

太陽のまばゆい輝きは、一様ではない。太陽の表面には、黒点と呼ばれる小さな黒い染みが現れることがある。黒点は周りよりも遥かに磁場が強く、そして周りよりも冷たいために、見た目的にもダークで、いかにも危ない感じがする。黒点の数は、ガリレオが観測を始めた17世紀から現在まで400年間も数え続けられており、平均すると11年ほどの周期で増えた

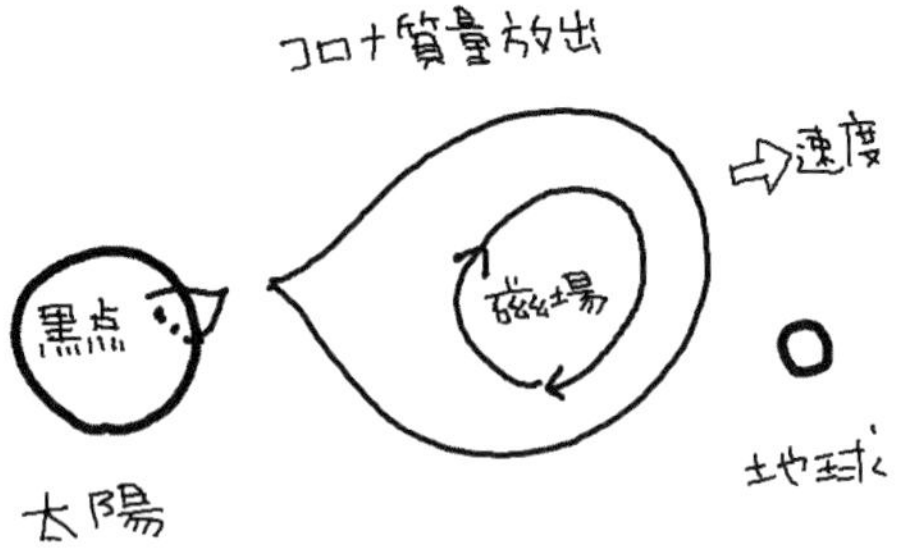

図 4　太陽黒点とコロナ質量放出。

り減ったりを繰り返していることがわかっている。黒点数がピークになる数年間は、太陽活動が活発な「極大期」、黒点数が底を打つ数年間は「極小期」と呼ばれている。ちなみに、2008年から2009年にかけてはこの極小期であり、黒点はほとんど現れなかった。

黒点のまわりではときおり、その強い磁場のアグレッシブな影響で、フレアと呼ばれるプラズマの爆発現象が起こることがある。さらには、黒点の上空にある太陽コロナの大部分がその強い磁場ごと引きちぎられ、プラズマの爆風として一気に宇宙空間に放出されることがある。これを「コロナ質量放出」という(図4)。その数日後、コロナ質量放出が地球に直撃するようなときには、とてつもなく明るいオーロラが一晩中現れる可能性が高い。太陽風の「スピード」と「磁場」が、両方とも極端に強いバージョンである。

つまり黒点は、私たちオーロラウォッチャーが注目すべき、とても活発なオーロラ活動の予兆となる現象なのだ。

ただし、黒点の出現予測はあまり当たらない。というのも、黒点は、太陽の表面下に隠されて見えないプラズマの動きと関係して変化しているため、黒点の磁場が出たり消えたりする仕組みについては、まだよくわかっていないことが多いのだ。

また、黒点が出ているからといってオーロラが見られるかというと、そういうわけでもない。黒点が出ていてもフレアやコロナ質量放出が起こるとは限らず、また黒点が全然出ていないようなときにも、オーロラ日和が続くことがあるのだ。

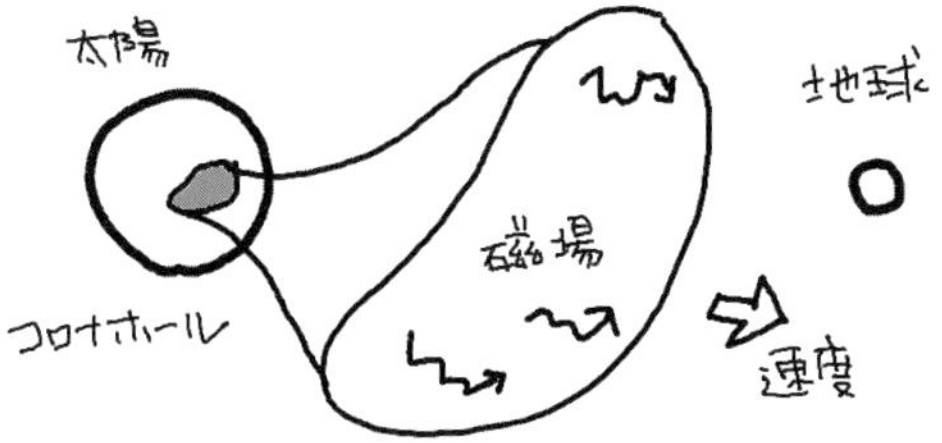

図 5　コロナホールから噴き出す高速太陽風。

後者の原因が、「コロナホール」である(図5)。コロナ質量放出とは違って、磁場は強くはないが激しく乱れていて、速い太陽風が吹き出す場所である。コロナにぽっかりと開いたこのダークな穴からは、まわりよりも2倍ほど速い、秒速800kmほどの太陽風が吹き出す。ただ、コロナホールは肉眼では確認できない。宇宙に出て、太陽表面のコロナのX線写真を撮影できるようになって初めて、そこにぽっかりと穴が開いていたことが確認されたという経緯がある。黒点も何もないところから、なぜか高速の太陽風が吹き出してきているようだ、ということでミステリーすぎて、ミステリーのMから「M領域」と名づけられていた。まさに、オーロラは太陽のダークサイドに操られていたのだ。

雷神と風神の戦い

オーロラの発生メカニズムに詳しい読者ほど、太陽風という専門用語がにわかに登場してきて、ほっとしたのではないだろうか。というのも、オーロラ発生の仕組みを一言で書いた説明を探してみると、「太陽風の粒子が地球の大気に衝突して光る」というような省略しすぎて間違った説明から、「太陽風の粒子が地磁気に捉われた後に大気に衝突して光る」というようなトリッキーな説明まで、とにかく太陽風という言葉が必ず出てくるのである。このように、オーロラの複雑すぎる仕組みを一言で説明しようとすると、間違うか、どうしても変になってしまう。では太陽風は、実際にはオーロラの発生にどのように影響しているのだろうか？

太陽風は、ジェット機の１０００倍のスピード、秒速４００kmほどで太陽コロナを旅立ち、後はほとんど減速することなく、太陽と地球の距離の１００倍にまで広がっている。太陽風がコロナから出発して、１億５０００万km先の地球にまでたどり着くには１００時間ほどかかる。灼熱の太陽風は、地球に近づいても勢いを止めることなく、無防備な地球を巨神兵のごとく焼き尽くして、哀しみとともにマッハで過ぎ去っていくのだろうか？

そんなことは起こらない。ここで登場するのが地磁気だ。太陽風は、地球の表面はもちろん大気にすら、直接吹きつけることはできない。太陽風のプラズマは、見えない地磁気をバリアのように感じて、その進路を曲げる性質があるからだ。

それでは、太陽風は、地球のどれくらい近くまできているのだろうか？

風神と雷神の戦いである。太陽風プラズマの風圧と、地磁気バリアがプラズマを押し返す圧力とのせめぎ合いを考えればよい（図6）。これら風神と雷神の押し合いが釣り合う場所は、地球半径の10倍くらいになっている。つまり、太陽風がストップするのは、地上からの高さにして、だいたい6万kmの位置なのだ。

一方、オーロラが光っている高さは地上から約100kmだから、場所が全然違う。したがって、オーロラについて「太陽風の粒子が地球の大気に衝突して光る」という説明は成立しないことがわかる。それに太陽風は地球の昼側に吹きつけるのだから、夜側で見えるオーロラとは、場所が逆だ。

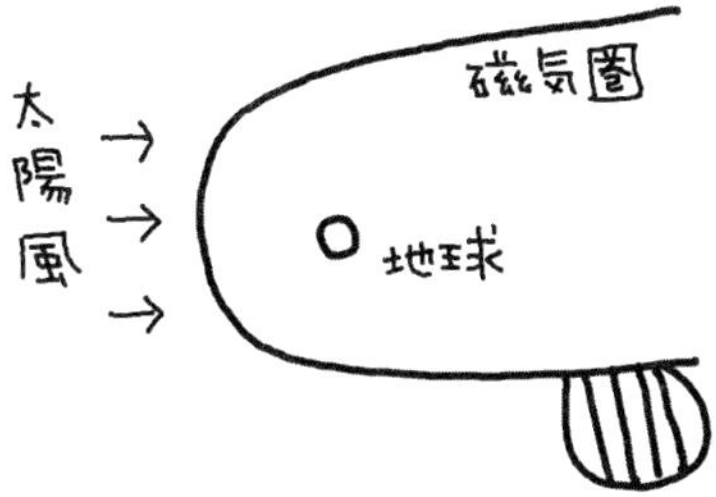

図6　太陽風と磁気圏。

地磁気は、前方すなわち太陽側では太陽風の風圧に押さえつけられ、後方では太陽風に吹き流されて尾のように長くたなびき、太陽風の流れに逆らって懸命に宇宙を泳ぐ巨大うなぎ的な形になっている。これは１９６０年代、ＮＡＳＡの人工衛星による観測で実証された。進撃の太陽風から守られた、この地磁気バリアの中の宇宙空間は「磁気圏」と呼ばれている。磁気圏の外では、今日もすさまじいスピードの太陽風が吹き荒れているのだ。オーロラの素になる磁気圏の中の電子は、太陽風からのみ供給されるのではなく、地球の大気からも供給されている。したがって、「太陽風の粒子が地磁気に捉われた後に大気に衝突して光る」というオーロラの説明も不正確なのだ。

この雷神としての磁気圏は、風神としての太陽風に押さえつけられて、何もせずにじっと我慢しているのだろうか？　われらが地球を代表する電気うなぎさんに限って、ただ我慢しているわけがない。磁気圏は、押さえつけてくる太陽風の持つエネルギーを巧みに利用して、オーロラのエネルギーの源となっている電力を生み出す。そして、太陽風のスピードが速いほど、反発して磁気圏の発電量は多くなり、オーロラも活発になるのだ。

磁場を持ち出す太陽風

いったん愛すべき電気うなぎを宇宙空間へ放流し、太陽に戻ろう。太陽は、ほかの恒星と同じく、非常に強い磁場をまとっている星だ。皆既日食で見られるコロナの美しい筋模様は、まさに太陽の磁場に沿って分布するプラズマの模様でもある。

太陽風は、故郷のコロナから引っ張ってきた磁場をどこまでも大切に抱えて、超音速のスピードで広がっていく。その結果として、太陽系全体は、太陽風が運んできた見えない磁場で満たされている。太陽風は、つねに地球の磁気圏に吹きつけており、コロナから引っ張ってきた磁場の強さや向きによって、磁気圏での発電の仕方と電流の流れ方、ひいてはオーロラの活動度が、大きく変化するのだ。

人工衛星による太陽風磁場の直接観測データとオーロラの活動度を比べていたフェアフィールドが1966年に発見した事実は、こうである。地球を包み込んでいる太陽風が、地磁気と逆向き(南向き)の成分をもっていないときには、オーロラは活発にならない。南向きの磁場をもつ太陽風のときにオーロラが活発になり、さらに、その南向きの磁場が強ければ強いほど、オーロラはさらに活発になる。つまり、太陽風の磁場の南北成分は、何か電源スイッチのような役割をもっているらしい。

ここで、オーロラを理解するために後ほど重要になってくる、太陽風の磁場の向きについて詳しく説明させていただきたい。太陽風によって太陽から引きずり出された磁場は、その引き出し口の太陽が回っているために、庭園で水を撒いているスプリンクラーのようにスパイラル模様を描いている(図7)。この磁場の向きは、だいたい45度の傾きで地球を横から串刺しにするような感じになる。つまり、太陽風の磁場は基本的には赤道面に沿った方向を向くため、南北成分というのは普段あまり存在しない。コロナホールからくる乱れた磁場がなければ、そして太陽風から無理にひきちぎってきたコロナ質量放出がなければ、太陽風の磁場は赤道面に沿った成分がほとんどなのだ。

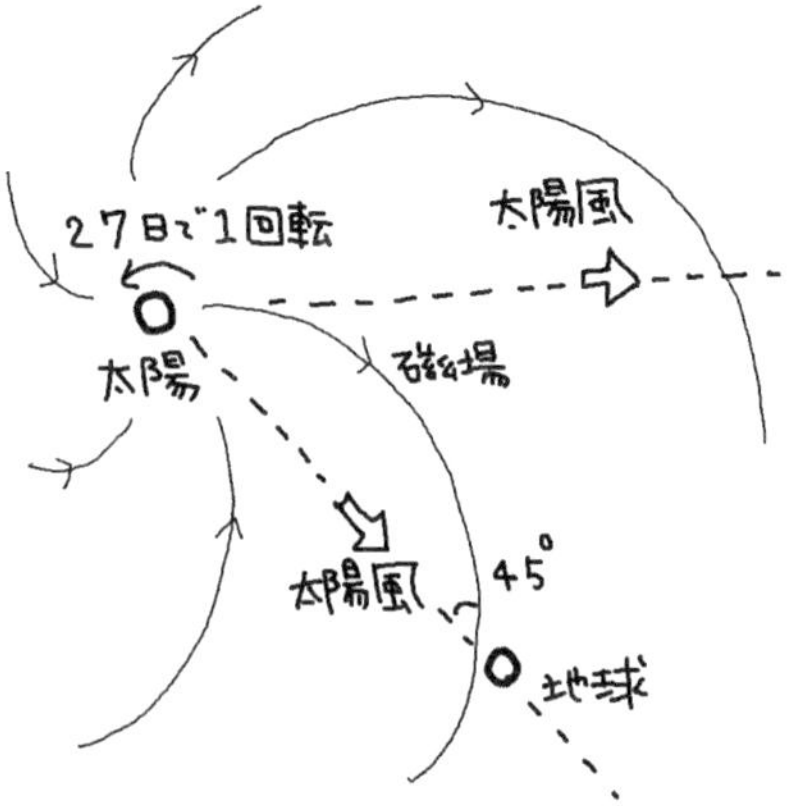

図7　太陽風のスパイラル磁場。

ここまでの話をいったんまとめると、「太陽風のスピードが速く、その磁場が南向きかつ強い」という状況では磁気圏の発電が活発になり、ひいてはオーロラ活動も活発になる、という経験則が導けたことになる。これは、どのように説明できるだろうか――つまり、なぜ、太陽風のスピードが速いほど、太陽風の磁場が強いほど、そして南向きであるほど、磁気圏の発電は活発になるのだろうか。

プラズマの渦巻く磁気圏

いまから50年以上も前のこと、1961年に、2つの画期的なアイデアが提唱されていた。アックスフォードとハインズは、太陽風のスピードが速いほどオーロラが活発になる理由を、次のように考えた(図8)。うなぎの脇腹あたりのプラズマが太陽風に引きずられて、夜へ夜へと地球から遠ざかる方へずりずりと動かされる、という「粘性説」だ。うなぎの中心部では、引きずられた分のプラズマが地球のほうへ戻ってくることで、プラズマが巡回するような状態になっていると仮定しよう。地磁気の中での、このプラズマの巡回運動には発電効果がある。大ざっぱにたとえるならば、朝側の渦はプラスの電極に対応し、夕方側の渦はマイナスの電極に対応するため、明け方から夕方に向かって「朝夕電場」と呼ばれる電場が発生することになる。これがオーロラ電流回路の主電源に対応しており、プラズマの流れが速ければ速いほど、この電場が大きくなるため、オーロラも明るく光る、というアイデアである。

一方、ダンジェイは、地磁気と逆向きの南向きの磁場をもつ太陽風が、地球の磁気圏へエネルギーを供給するスイッチとして重大な役割をする、という仮説を出した。実のところ、ダンジェイはフェアフィールドの師匠であり、この仮説が出されたのは、前述のフェアフィールドの発見よりも前のことだ。ダンジェイのアイデアはこうである(図9)。北向きの地磁気が、南向きの太陽風の磁場に接することで、地磁気は太陽風に接続されて「開いた磁気圏」が作られる。太陽風とともに夜側へ運ばれる磁場によって「朝夕電場」が発生し、太陽

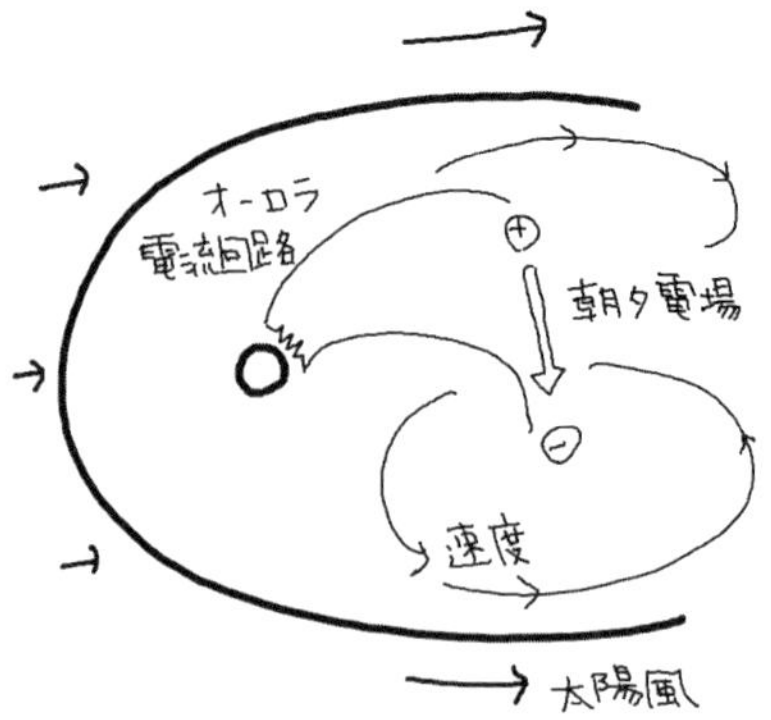

図 8　アックスフォードとハインズの「粘性説」。磁気圏の赤道断面図。

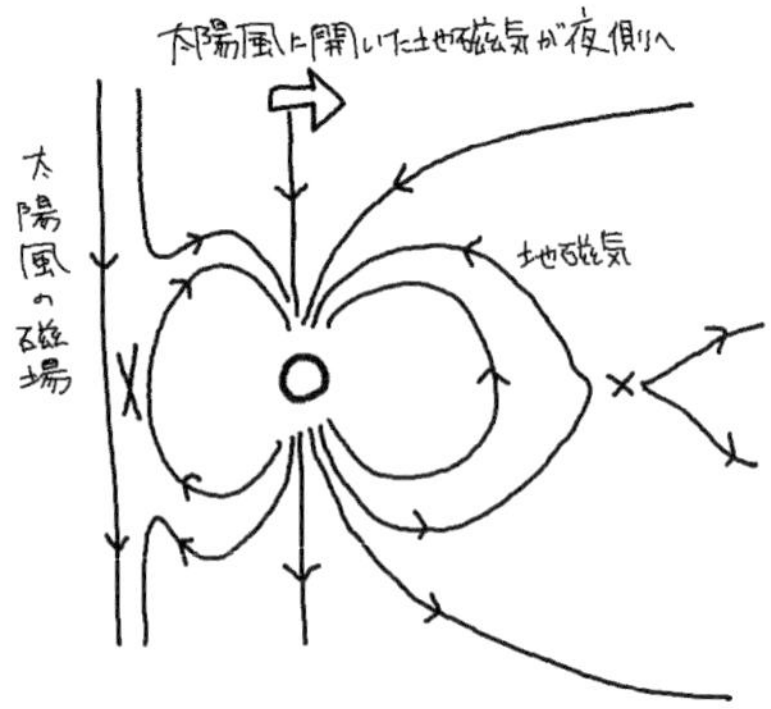

図 9　ダンジェイの「開いた磁気圏説」。磁気圏の南北断面図。

風のスピードと磁場に比例して朝夕電場が強まるため、オーロラも活発になる。太陽風の磁場が北向きではこうはならない。

これらの仮説は、磁気圏におけるプラズマの「対流」の古典として知られている。どちらの仮説でも、太陽風に引きずられて磁気圏のプラズマがかきまぜられるが、太陽風のプラズマに引きずられるか、磁場に引きずられるか、という違いがある。アックスフォードとハインズの仮説は、太陽風のスピードが速いとオーロラが活発になることを説明しており、ダンジェイの仮説では、太陽風の南向き磁場が果たすスイッチ的な効果を説明している。

プラズマを動かし、磁場を動かせば、オーロラの電源が作れる。しかし、現実の宇宙空間は、本当にこの50年前の絵を組み合わせるようなかたちで、シンプルに理解できるのだろうか。オーロラを光らせる発電の本当の姿を理解するには、どうしたらいいだろうか。

オーロラの電源を探せ

ここ50年の技術革新といえば、やはりコンピュータだろう。アックスフォードとハインズの「粘性説」やダンジェイの「開いた磁気圏」といった仮説は、いまコンピュータ・シミュレーションを使って詳しく検証できるようになっている。

九州大学の田中高史教授は２０１０年、オーロラオーバルを精密に再現する、磁気圏全体のコンピュータ・シミュレーションを実現した。このシミュレーションでは、太陽風の中に地磁気を浮かべ、太陽風プラズマのせき止められ方、磁気圏での発電の仕方、そして地球大気中での電流の流れ方を、すべてひとまとめに矛盾なく計算している。

田中教授は、この計算結果を分析、つまりオーロラオーバルに流れ込むビルケランド電流を、その電源側へと逆にたどることによって、なんとアックスフォードとハインズやダンジ

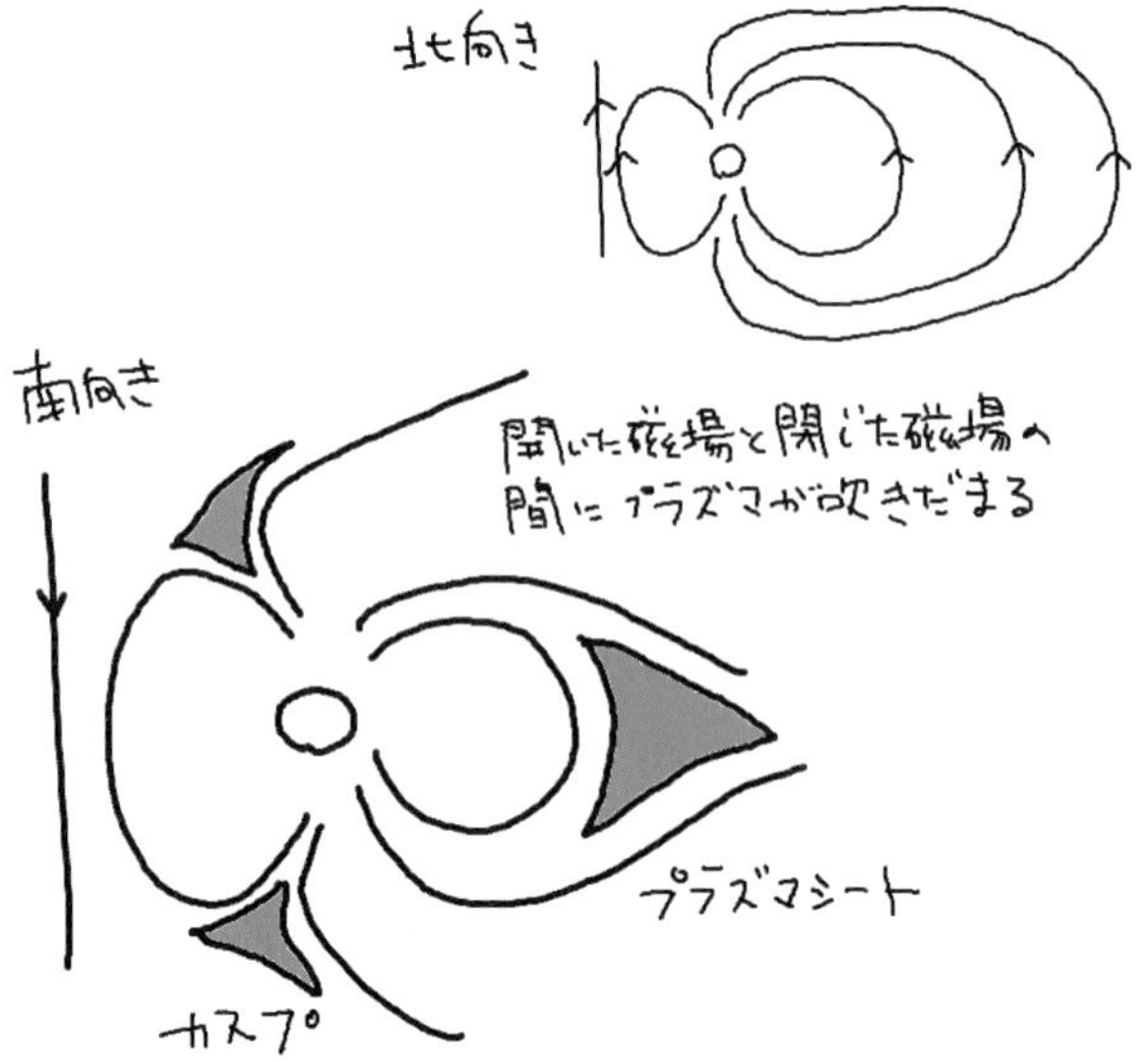

図 10　北向き(上)と南向き(下)の太陽風磁場に包まれる磁気圏。

ェイの断面図的な考え方とは違う仕組みで、立体的に発電が起きていたことを明らかにした。

ダンジェイの描いたような、地磁気が太陽風に開いてスイッチオンするという考え方は、磁気圏の形が変わって開いた磁場ができる可能性を示した点で重要だ。しかし、プラズマの対流は、太陽風の磁場に引きずられてできるものではなかった。しかも、アックスフォードとハインズのアイデアとも違い、主電源は「磁場のすきまに詰まったプラズマ」が作っていたのだ(図10)。

この立体的な発電の概要をまと

めると、以下のようになる。①南向きの磁場をもつ太陽風が地磁気に吹きつけることで、開いた磁場と閉じた磁場のすきまにプラズマが渋滞して詰まってしまい、圧力が高い領域が生まれる(昼側はカスプ、夜側はプラズマシートと呼ばれている)。②この圧力の高いところから低いところに向かってプラズマが流れている場所で発電、つまり電場と電流が生まれる。③そうして発生した電流が地球大気に流れ込み、立体的な電流回路ができる(図11)。

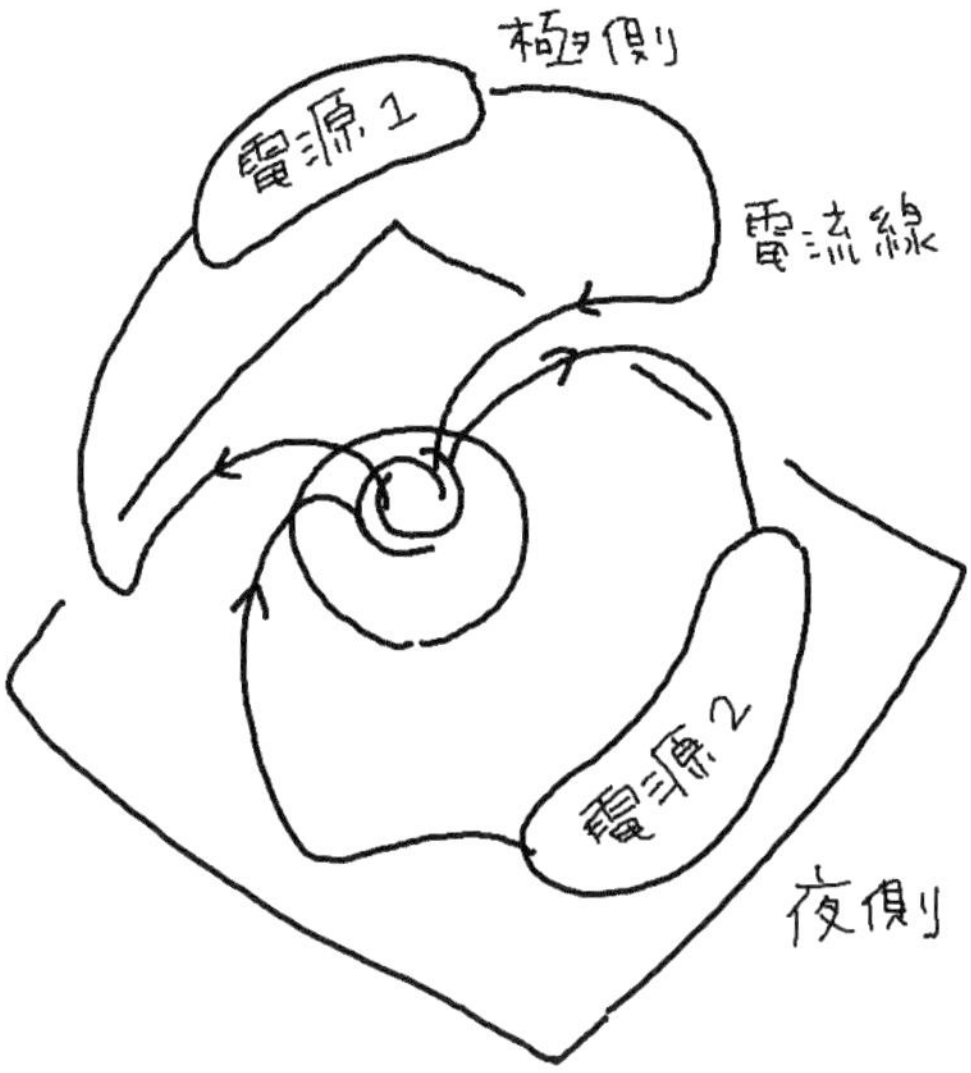

図 11　極側と夜側の 2 つの電源によって，立体的なオーロラ電流回路が作られる(南半球でも同様)。

一方、太陽風の磁場が北向きのときには、磁気圏の形が変わって磁場のすきまがなくなるため、圧力の高い領域がなくなり、ほとんど発電しない。

この、プラズマと磁場が織りなす一連の複雑な仕組みが、巨大電気うなぎの正体だったのだ。太陽風と地磁気の相互作用によって、磁気圏のプラズマが渦巻いて電場と電流が発生し、大気の、それもオーロラオーバルのあたりへ集中的に電流が流れ込む。そしてこの電流が、オーロラを光らせているのである。太陽風と磁気圏と大気の三者間における、双方向の影響をシミュレーションすることで初めて、オーロラの輪に集中する電流回路を再現できたのだ。

これで、ステルマーによる計算では、オーロラオーバルの位置が、どうしても再現できなかったことも納得がいく。ステルマーの理論計算は、電子の動きのみを独立に考えた、一方通行のものだった。彼の計算結果と実際のオーロラオーバルの位置の違いは、地磁気の外から単純に電子が飛び込んでオーロラが光っているわけではない、ということを意味していたのだ。

輝き崩れる光の輪

オーロラオーバルは、何かをきっかけに輝き、崩れる性質がある。真夜中に近い地域では、オーロラオーバルの一部が数分間で突如として爆発的に明るくなり、西へ、東へ、輪の内側のほうへと数十分かけてオーロラオーバル全体に波及していく。明け方に近い地域では、その爆発の余波のようなオーロラが東へ流れ、崩れてバラバラになる。ぼんやりとしたオーロラが主体となり、ふわふわと空を漂う。そして数時間も経てば、爆発の余波も収まって元の静かなオーロラオーバルに戻る(図12)。

たまたま、このオーロラオーバルの爆発が始まる場所の直下で、その始まりの瞬間の激しいオーロラの乱舞を目の当たりにしてしまうと、人は皆、改めて人間の無力さを思い知り、一発でオーロラの虜になってしまう。この始まりのオーロラが、「ブレークアップ」と呼ばれるものだ(口絵4、5)。

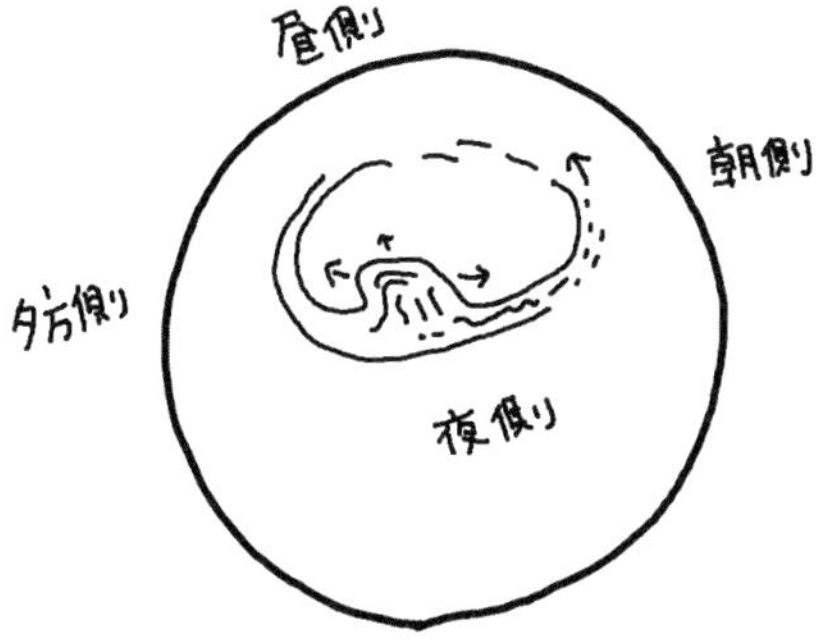

図12　輝き崩れるオーロラオーバル。

世界中で同時に撮影されたオーロラ映像を集めて分析することで、このオーロラオーバル全体が爆発的に変化する共通のパターンを明らかにした科学者が、アラスカ大学の赤祖父《あかそふ》俊一教授だ。その発見から50年が経った今、オーロラオーバルが地球規模で突然輝き崩れる全体像も、田中シミュレーションによって解明されつつある。前述の立体的なオーロラ発電の計算を続けていくことで、このプラズマの爆発も自然に再現されるのだ。

太陽風の南向きの磁場が地球を包み込むと、磁気圏にエネルギーが蓄積されて、プラズマシートが薄

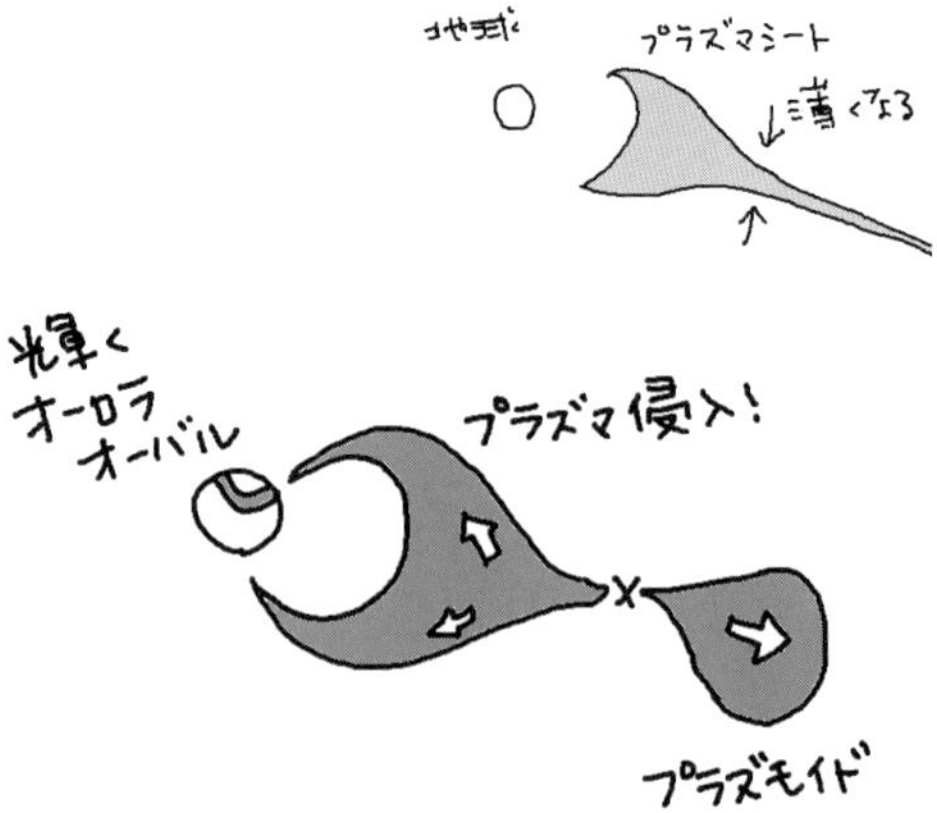

図 13　磁気圏の急激なエネルギー解放。

くなってくる。やがて、薄くなりすぎたプラズマシートが突然ひきちぎられ、磁気圏に溜め込まれていたエネルギーが一気に解放される形状に移り変わる(図13)。すると、大量のプラズマが地球のまわりに渋滞して新たな電源を生み、大量の電流が地球大気に流れ込む。こうして、オーロラの輪が明るく輝き乱れるのだ。

　そしてそれと同時に、地球と反対側には、プラズモイドと呼ばれるプラズマの塊が勢いよく飛んでいく。しっぽが突然ちぎれ、ものすごい発電を起こす電気うなぎ……と書くと、なんだかちょっと痛々しいが、このしっぽがちぎれるきっかけは何か、という熱い論争は今も学会で続いている。答えは1つではなく、何種類かあるかもしれない。その謎が解けたとき、ブレークアップの正確な予報もできるようになるだろう。

　プラズマの爆発する仕組みの理解というのは応用がきく。実は、太陽の黒点のまわりでも似たようなことが起こっているのだ。前述のフレアとコロナ質量放出である。フレアはオーロラの輪の輝き、コロナ質量放出はプラズモイド、という対応関係だ。太陽物理学者はオーロラのことを地球のフレアだと思っており、地球物理学者はフレアのことを太陽のオーロラだと思っている節がある。そして、フレアの予報も、ブレークアップの予報と同じように難問なのだ。

これまで紹介してきた田中シミュレーションの基礎となっているのは、ニュートンの作った力学とマクスウェルの作った電磁気学を組み合わせ、電子と陽子が一体となって流れる近似をした、磁気流体力学と呼ばれる美しい連立方程式だ。磁気流体力学を１９４２年に考案したアルヴェンは、その功績によって１９７０年にノーベル賞を受賞した。オーロラの全体像を、コンピュータの力を借りて描き出した結果、私たちは、宇宙空間のほとんどあらゆるところで通用する、プラズマと電磁エネルギーの流れを理解するための基本的な物理法則の使い方を学んだのだ。

このようにして、オーロラの「全体像」がほとんど明らかになった今、オーロラはその科学的な魅力を失いつつあるのだろうか？　そんなことはないので安心してほしい。宇宙のプラズマは、人工衛星でその場に突撃してよく調べてみるとわかるとおり、ミクロには磁気流体力学の期待どおりには振る舞ってくれていない。電子と陽子は違う動きをしているし、とても細かいプラズマの構造も作り出す。そしてまさに、そうした電子と陽子の動きの違いや、細かいプラズマの構造こそが、私たちが地上で目にするオーロラの美しさとして見えているのだ。次章で紹介するように、オーロラの神秘のベールは、調べれば調べるほど魅力を増し、豊かな展開を見せてくれるのである。

コラム

ストレイ・ポスドク

２００５年、私はＮＡＳＡゴダード宇宙飛行センターにポスドクとして1年間滞在し、巨大磁気嵐について研究していました。ボスは、本文にも出てきたドン・フェアフィールド。ゴダードのポスドクには窓のない部屋が割り当てられており、はやくポスドクを脱出しなければ！という危機感を感じました。

ポスドクは論文が命！ということで、ポスドク仲間だったアンティ・プルキネンと一緒に論文を書きました。そのときのテーマは、巨大磁気嵐によってパイプラインや電線などの地上の人工物に誘導される電流の周波数特性について。どちらが主著者になるかもめないよう、私たちは、お互いのガールフレンドを証人として引き連れてワシントンＤＣに繰り出し、ビリヤード対決によってフェアに論文の主著者を決めることにしました。アンティを待つ間に楽しくビールを飲み過ぎたことが敗因となりました。要はオウンゴールだったと思います。ポスドク生活2年目の一番の思い出です。アンティとの共同研究は今も続いています。彼は今、ＮＡＳＡの宇宙天気予報のリーダーを務めています。

２００８年、私は宇宙飛行士候補者選抜試験に挑戦していました。小山宙哉さんが描く『宇宙兄弟』（講談社）を読むと、そのころの自分を重ねて胸が熱くなります。すでに5年目となったポスドク生活に終止符を打つことにまったくためらいはなく、付け焼き刃とはいえ全力を尽くして試験対策に取り組みました。宇宙飛行士は泳げないとNGということで、プールに通いました。宇宙飛行士は歯が命、ということで歯医者にも通いました。そして残念ながら、すぐに脱落しました。

2009年になり、私はいつものように古巣の名古屋大学太陽地球環境研究所に出張して、論文執筆のための研究打ち合わせをしていました。お昼休みの世間話で、「高感度カメラの片づけにカナダ行くけど人手が足りない」という、元同僚でオーロラ研究の先輩、家田章正さんの一言に、条件反射で「行きます」と返事をしたことを覚えています。セメターの分身の術(第3章を参照)を見て、もう居てもたってもいられなくなっていた私は、オーロラ観測の後片づけのマンパワーとしてでもよいから、とにかくオーロラの観測に着手してみたいと思っていました。さっそく2009年3月、家田さんとフォートスミスというカナダの田舎町へ出かけ、オーロラの下で、ビデオ録画方式の高感度カメラや、小型監視カメラの撤収作業を手伝いました。飛行機に乗る直前まで荷造りをしていて、とてもスリリングでした。私のオーロラ観測生活は、ポスドク5年目にして、こうして、なかば無理矢理なかたちで幕を開けました。今考えると、あのお昼休みの一瞬が、脱ポスドクの分岐点だったようです。家田さんには、この場を借りてお礼を申し上げます。

3 速すぎるオーロラを追え！

人が磁場でプラズマを閉じこめる方法を考え出すや否や、プラズマはその牢獄の束縛を破る道を見出すのです。物理学者はプラズマを牢に入れようと努め、プラズマはそれを破ろうと試みます。物理学者は次々と手のこんだ方法を用いてきましたが、結局長い年月の後に分ったのは、プラズマの方が物理学者よりも利口だということでした。

――ハンネス・アルヴェン／大林治夫訳
「実験室におけるプラズマと宇宙におけるプラズマ」
（『日本物理学会誌』29巻10号、１９７４年）

光り輝く分身の術

オーロラを見ると、時間も寒さも忘れて見入ってしまう。そして、明るいオーロラがときおり見せる、目では追えないほど速い動きに気づくと愕然とする。オーロラの真の姿は、あまりにも複雑で、あまりにも魅力的なのだ。

普通のカメラでオーロラの風景写真を1枚撮影するには、何秒間もシャッターを開けておく。オーロラの光は暗く淡いので、できるだけたくさんの光を集めて鮮明に撮影するためだ。しかし、シャッターを開けている数秒間の間にも、オーロラは刻々と変化していく。オーロラの真の姿に迫るには、少なくとも人間の目が動きを追える限界の目安である、1秒間に30枚というビデオフレーム程度の速いペースで、あるいは目の限界を超えてもっと速いペースで撮影しなければならない。

ボストン大学のセメターは2008年、EMCCD(電子増倍型の電荷結合素子)を使った先端的な高感度カメラをオーロラ観測に初めて導入し、カーテンを真下から観察する方向へカメラを向けて、オーロラの驚くべき姿を報告していた。その論文の付録の、ビデオフレームで撮影された映像を見て、私は度胆を抜かれた。

「これが本当にオーロラなのか!」と頭を抱えた。従来のカメラで撮られたオーロラ映像と比べて、圧倒的な鮮明さで撮影されたその映像は、目にも止まらぬスピードで分身の術をしながら複雑に輝き、れっきとした規則性を保ちながら美しく流れ動いていた。セメターが「アークパケット」と名づけた、ニュータイプのオーロラである。オーロラの速い動きには、未知の世界が、ほとんど無限に広がっているのではないかと思えた。

オーロラの本当の姿を知りたいと思った。いますぐオーロラの高速撮像に取りかかる必要がある。しかし、そもそも私はオーロラ観測の経験がなかった。2009年の当時、私は、コロナ質量放出が太陽コロナから磁場を引きずり出して地球まで伝わる様子を再現するための、3次元磁気流体シミュレーションを生業にしていたのである。普通に考えると、オーロラの観測的な研究に転向することなど無理である。しかし、一縷の望みはあった。私の所属していた理化学研究所（理研）の戎崎《えびすざき》計算宇宙物理研究室と、基礎科学特別研究員という身分は、それが無理とはならない自由度の高さで定評があった。研究テーマは何でもよい。大事なのは、厳しい研究の世界を生き抜くため、たとえば尾田栄一郎さんが描く『ONE PIECE』（集英社）のように、ピュアな目標と「覇気」を身につけることだったのだ。

カーテンの瞬きを撮る

まずは、「フリッカリングオーロラ」の高速撮像に取り組んだ。ゼロからのスタートながら、東北大の先輩たちである、塩川和夫さん、三好由純さん、坂野井健さん、そしてアラスカ大学の現地スタッフであるドン・ハンプトンに急ピッチで支えていただいたことで、それまで日本ではあまり使われてこなかったEMCCDカメラをアラスカに導入することができた。そして、「どうせ挑戦するなら世界最速を目指しましょう！」という京都大学の海老原祐輔さんの一声で火がついた。「桁違い」にこだわり、未踏の領域を観測するのだ。フォースを信じて限界を超えるため、海老原さんには、世界最速サンプリングを実現するためのカメラ制御プログラム「エビキャム」を提供していただいた。私にとってエビキャムは、ライトセーバーのようなものだ。

オーロラの速い時間変化の中でも「最速」として知られてきたのが、この「フリッカリング」と呼ばれるタイプのオーロラである。文字通り目にも止まらぬ激しい変化で、1秒間に3回から15回ほど、とても細かい干渉パターンが、明るくなったり暗くなったりを繰り返す。カメラの視野角は10度。手を伸ばした時の握り拳くらいの角度だ。オーロラのカーテンを真下から見上げる方向へカメラを向け、特に明るいオーロラを狙うことで、フリッカリングを撮影できる。目がちかちかするような光だ。このような不思議な、速い変化はなぜ生まれるのだろうか。

最も有力と考えられている仮説は、オーロラを光らせる電子が大気まで流れてくる途中の高さ3000kmあたりで、流れてきた電子が激しく乱される、というものである。この理論に従えば、高さ3000kmのメインの成分である酸素原子イオンが磁力線を回る、1秒間に15回ほどのテンポが速さの限界であり、確かにこれまでのオーロラ観測結果と整合的だ。しかし、従来のビデオフレーム観測で捉えられる最速の変化の上限も1秒間に15回ほどの振動なので、念のため、もっと速い変化がないことも確認しなければならない。そこで、私たちの研究グループは、1秒間に100フレームという、従来のビデオフレームよりも3倍以上速いカメラをデザインし、その撮影に挑戦することにした。

速すぎるオーロラ

気温マイナス40℃。北極海に近いトゥーリック・フィールド基地に無事に到着した私は、茫然としていた。北緯68度。基地のまわりは見渡す限り雪。北の空には静かにオーロラが浮かんでいた。記念にオーロラの写真を撮っておこう、と調子に乗ってオーロラ撮影に夢中になっていると、気づいたときには右手の小指がシャーベットのようになっていた。いきなり凍傷である。

当初の予定では、私はこれほど過酷なところにくるはずではなかった。しかし、2009年は太陽活動がここ100年で最も低下した年で、予想外にオーロラの活動が弱く、フェアバンクスから近いアラスカ大学のポーカーフラット実験場では十分なオーロラ観測ができない可能性が高かった。そこで、フェアバンクスよりも緯度が5度も高い、ここトゥーリック・フィールド基地に、東北大学の大学院生が勢い余って最先端のEMCCDカメラを持ち込んでしまったのだ。共同研究者である私は、凍傷のダメージを負った右手に手袋をはめ、トゥーリック・フィールド基地での撤収作業を2日間手伝い、それからフェアバンクスまで南下して、高速カメラの再セットアップにとりかかった。

突撃隊長の大学院生、八重樫あゆみさんは、このトゥーリック・フィールド基地で1ヶ月、ポーカーフラット実験場でも1ヶ月、フリッカリングオーロラの観測を行い、その時間変化する周期を持ち前のガッツですべて調べ上げ、驚きの事実を発見した。1秒間に40回以上も明滅するフリッカリングオーロラが、たくさん存在していたのである。

これは、定説の酸素原子イオンの影響では説明できないほど速い。この速すぎるオーロラが何なのかは、まだわかっていない。まだ観測例が少なすぎる。どこまで速いオーロラがあるかも、まだわからないのだ。

かつ消え、かつ結びて

オーロラには、実にさまざまな動きがあるが、カーテン状の明るいオーロラは、大きなスケールでも小さなスケールでも、自然に渦巻くことが知られている(図14)。空を埋め尽くす巨大なオーロラの渦は圧巻だが、小さな渦も美しい。小さく巻いたオーロラを横から見ると、巻いた部分が多重に明るく見える。カーテンに入るたくさんの針のような筋模様もまた、小さな渦なのだ。

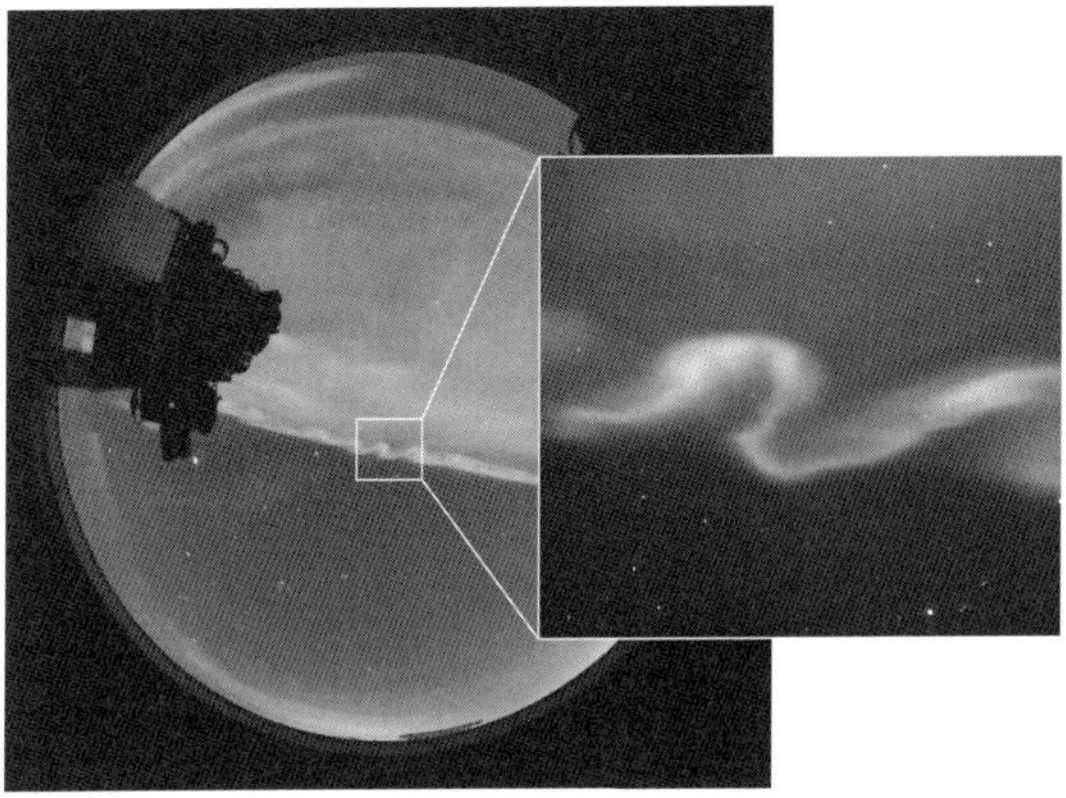

図 14 魚眼デジカメ(左)と高速カメラ(右)で撮影された写真。出ては消える波の例。

私がフリッカリングオーロラの高速撮像を始めて間もない2010年2月3日、たまたま、私のカメラの狭い視野の中心でブレークアップが始まった。そしてなんと、ブレークアップの5分前から、東西にうっすらと広がるオーロラの中に小さな渦が現れ、ゆっくりと東へ流れながら出ては消え、出ては消えていた。渦は数分間かけて徐々に大きくなり、東への流れも速くなり、一段大きな渦となったと同時に急激に明るさを増し、ブレークアップが始まった。

こういった渦の動きが、いつもブレークアップの予兆として現れるかどうかは、わからない。ビギナーズラックというのは恐ろしいもので、このような観測例は、これっきりなのだ。

さて、オーロラのカーテンが渦巻くというのは、何を意味しているのだろうか。まず、透明なカーテンのように見えるのは、宇宙空間から、速い電子が薄いシート状に大気に流れ込んできていることを意味している。そして、これらの速い電子は、磁気圏と大気をつなぐ電流を担っている。つまり、「薄い電流シート」が、磁気圏と大気の間のどこかで発生しているのだ。そう考えれば、オーロラの渦は、まるで電流が集中しすぎて限界まで薄くなった電流シートの乱れ具合を可視化しているように見える。ここで、美しく舞うオーロラの意味を知るための関門が立ちはだかる。なぜ、そんな「薄い電流シート」が発生しているのだろうか？

この疑問は最先端の謎に触れてしまい、かなり難しくなって心苦しいのだが、どうしても一段詳しく説明させていただきたい。「オーロラ！」と銘打った本として逃げるわけにはいかない話題なのだ。この「薄い電流シート」は、高さ数千kmという中途半端な高さで作られていることが、人工衛星の直接観測によって知られている(図15)。そして、この電流シートのまわりでは、とても面白いことが起こっている、ということを忘れずに述べておきたい。そこでは電流シートに沿って、つまり磁場に沿って、電子が地球方向へ一気にスピードアップしているのだ。この電子の加速にかかる電圧は数千ボルト。この大きな電圧の発生している「オーロラ加速域」と「薄い電流シート」は切っても切り離せない関係にある。大ざっぱには、細かいオーロラ加速域の多くはプラズマの波動によって生まれ(AC電場説)、大きな

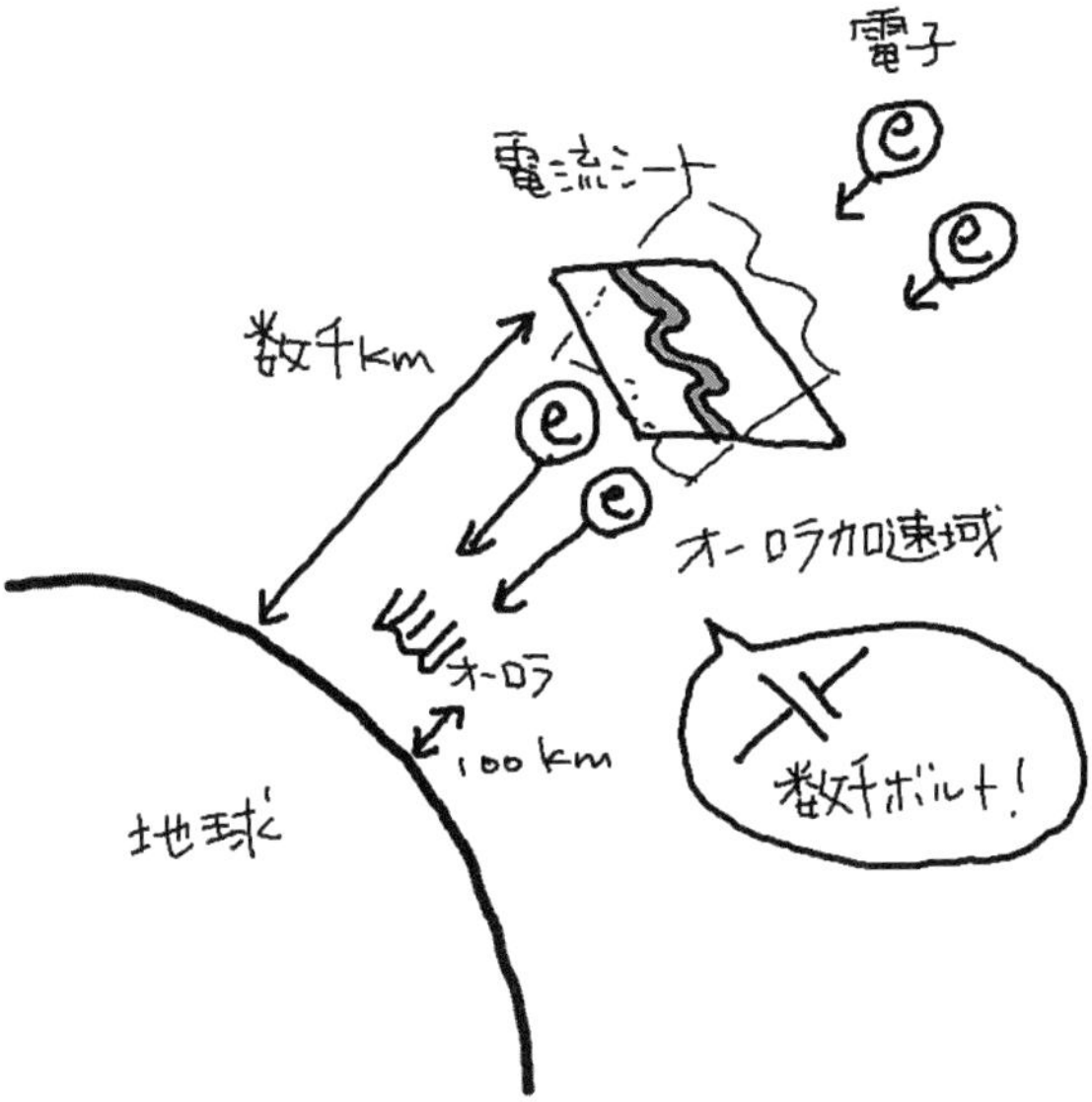

図 15　オーロラ電子加速と電流シート。

構造の多くは電流回路的に作られる（DC電場説）、というのが多数派の考え方だが、それも正しいとは限らない。まだよくわからないことが多いのだ。

さて、これで一番ややこしい話は終わった。私たちが目にして感動する複雑で美しいブレークアップというのは、薄い電流シートが新たに、次々と違う場所に、流れるようにして作られていくプロセスとも言える。ブレークアップのエネルギー源はもちろん、前章で説明してきた磁気圏の大規模な発電だが、ブレークアップの精緻な模様は、

図 16　バズーカのようなカメラ。

もっと地球の近くで別途、作られているのだ。北半球と南半球では、完全に鏡写しのオーロラにならないということも、これで納得がいくだろう。

オーロラのカーテンを作る真犯人としての、薄い電流シートが作られては消え、作られては消え、という仕組みは、まだよくわかっていない。空を舞うオーロラは、それが消えようとするときにしか存在しないのかもしれない。直感的には、磁気圏から大気へ流れ込む電流の総量がある程度増えてくると、自然に薄い電流シートが発生することで電流の流れ方が最適化されて解消しているように思える。つまり、宇宙と大気をつなぎ流れる電流の量は絶えず移り変わり、ある程度多いときにのみ、必要なだけ薄い電流シートが現れては消える。これが、舞うように見えるオーロラになる、というのが私の仮説だ。オーロラも、限界に挑戦しているときに美しく輝くのではないか。

そして、見つかったばかりの、速すぎるフリッカリングオーロラは、この「薄い電流シート」の謎を解くカギの1つなのかもしれない。というのも、とても明るいオーロラに現れるフリッカリングやセメターの分身の術は、いかにも無理に電流を流し過ぎているせいで発生している、エネルギー漏れ現象のように見えるのだ。

そんなわけで、オーロラカーテンの薄さ、というのが基本的かつ重要なパラメータであることが、おわかりいただけただろうか。私も２０１１年、オーロラの極限的な薄さを調べたいと思い、図16のようなバズーカ的なカメラをオーロラ観測に導入したことがある。取りつけたレンズは、スポーツや野鳥の撮影に使われる望遠レンズ・サンニッパ(300 mm F2.8)だ。結論から言えば、このカメラは頭が重すぎて設置が難しく、さらに視野が狭すぎてオーロラを真下から捉えることが私にはできなかった。ふがいない。いつかまた、このレンズでオーロラの観測に挑戦してみたいと思っている。

深く脈打つオーロラが熱い

分身の術もフリッカリングも、あるいは渦巻きも、すべてカーテン状のオーロラに見られる現象だが、これとは別なタイプで、いま熱い注目を集めているオーロラがある。ディフューズオーロラだ(口絵6)。

徹夜をして明け方まで辛抱強くオーロラを観察し続けていると、ほのかなディフューズオーロラが空を埋め尽くして浮かんでいることに気づく。その地味な見た目とは裏腹に、通常のオーロラと比べて数十倍高いエネルギーを持った速い電子が、高さにして80～90kmほどの地球大気の深いところ、つまり地球のより近くまで侵入して光っているオーロラである。空間的にのっぺりと広がっているため、スカスカしたカーテンのオーロラよりも、大気へ及ぼす影響が大きいオーロラなのだ。

ディフューズオーロラは、前述のオーロラ電子加速とは無縁と思われている。つまり、オーロラのでき方には、少なくとも2種類あることになる。ディフューズオーロラは、磁気圏と大気をつなぐ電流を運ぶ電子が光らせるオーロラではなく、すでに磁気圏に捕らえられていた速い電子が乱れて落っこちてくることで光っているのだ。

図 17　サイクロトロン運動，バウンス運動，ドリフト運動。

磁気圏に電子が捕らえられているとは、どういうことだろう？　地磁気の中での電子の動きは、図17のように大きく3つに分けられる。速い運動から順に、サイクロトロン運動、バウンス運動、ドリフト運動である。電子は、基本的には磁力線に巻きついて、らせん状に移動する(サイクロトロン運動)。そして、磁力線に沿って北半球と南半球を行ったりきたりを繰り返しつつ(バウンス運動)、次第に東西に横滑りする(ドリフト運動)。この3つの運動が、誰にも邪魔されずにキープされ続ければ、晴れて磁気圏に帯のように捕らえられている電子となる。

ちなみに、これと同じ原理で、ディフューズオーロラよりもさらに100倍ほど大きなエネルギーをもつ電子が大量に地磁気につかまっている領域は、発見者の名前をとって「ヴァンアレン帯」と呼ばれている。「ひまわり」などの気象衛星が飛ぶ高度3万6000kmの静止軌道にまで広がっており、大量の高エネルギー電子が人工衛星の動作異常などを引き起こすこともある。

ともかくも、熱い電子のバウンス運動が何らかの影響によって崩れ、電子が大気まで大量に落っこちてしまうと、ディフューズオーロラとして見ることができるというわけだ。なお、ディフューズオーロラには、数秒間隔で脈を打ち始めるというキュートな性質もある。それが、この章の後半の主役、「脈動オーロラ」である。

高鳴るオーロラの鼓動

カメラを正しい方向へ向けたかどうかの最終チェックは、星空を使って確認する。ちょっと船乗りになった気分が味わえる。ピントが狂っていないか確認している微調整中に、ロフトの天井に取りつけられた透明なアクリルドーム(図18上)越しに見えるオーロラは、美しく

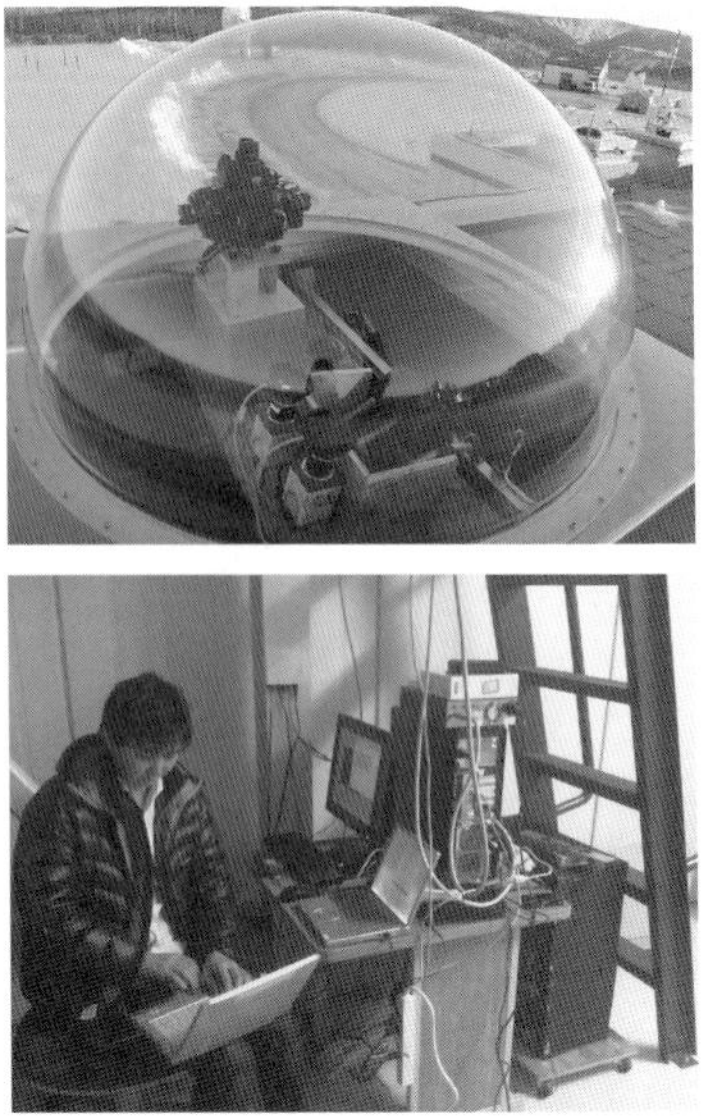

図18　ポーカーフラット実験場のオーロラ観測所にて。透明なアクリルドームの内側にカメラを設置し(上)，その下の室内からオーロラを観測している(下)。ちなみに，(上)のドーム内左上に「ハウル」(本章末コラム参照)が見える。

切ない。そして観測本番になれば、素晴らしいオーロラが出ているときほど、高なる胸の鼓動を抑えて、薄暗い部屋でパソコンの画面を睨みながら、じっと待機する(図18下)。カメラは正常に動いているか、データは取れているか、地味にチェックしなければならないのだ。

そんな観測中のこと、「フリッカリングよりも速い脈動オーロラもあるんですけど、変ですよね」と、八重樫さんが謎の感想をつぶやいた。

脈動オーロラと言えば、教科書的には、ディフューズオーロラが数秒間出て、数秒間消える、といった秒単位のゆっくりとした時間変化であり、ときおり0・3秒周期の速い変調が重なることがある、とされている。フリッカリングは0・3秒周期より速い明滅のことを言うので、フリッカリングよりも脈動のほうが速い、というのは確かに変だ。少なくとも私は聞いたことがない。

この「速い脈動オーロラ」の本当の面白さに私が気づいたのは、それから1年以上もたってからのことである。

2011年10月末、私は、NHKの「宇宙の渚」という番組の制作スタッフと一緒に、アラスカ大学のポーカーフラット実験場で、目の下に真っ黒なクマをつくり、寝不足と戦いながらフラフラしていた。この海外ロケの目的は、ハイスピードカメラを使って、オーロラを滝のように撮ることだ。アイデアはこうだ。もし、「いつもカーテンのように見えているオーロラを、今最高のハイスピードカメラで撮影したら滝のように見えました！」となれば、それは誰もが見たいだろう、と思いついたのである。というのも、大気へ降り注ぐオーロラの電子は、1ミリ秒(1000分の1秒)で10kmほどのスピードで落下している。オーロラのカーテンが100kmほどの高さの範囲で見えている状況を想定すると、カーテンの真横から1秒に1000フレーム程度の写真を撮ることで、滝のように見える可能性がある。

そこで実際に「オーロラの滝」の撮影に挑戦したところ、撮影期間中には十分に明るいオーロラは現れず、滝のようなオーロラ映像は撮れなかった。もしかして、この海外ロケはなかったことにされるのだろうか、と不安がよぎった。

しかし、データを分析していて、私は目を疑った。オーロラの滝のかわりに、まったく予想外の、0・02秒周期という驚くべき速さの脈動オーロラの変調が発見されたのだ。速いといわれている0・3秒変調と比べても、まだ桁違いに速い。私は慌てて、そのデータの分析結果と、考えうるメカニズムの可能性を論文にまとめて発表した。この速いオーロラ変調の原因は、まだわかっていない。逆に、脈動オーロラはなぜ階層的にリズムを刻むのか？そして、オーロラはどこまで速く変化できるのだろうか？という、新たな謎を作ってしまったのだ。

もちろん、この新しい発見によって、世界最速のオーロラ撮像の挑戦は、番組上もセーフとなった。地上波では、宇宙飛行士の古川聡さんが国際宇宙ステーションから撮影したオーロラ映像を中心とした、オーロラの基礎的な解説番組が放映され、時間に余裕のあるBS放送のほうで、オーロラの真の姿に迫る挑戦として、私たちがアラスカで奮闘していた様子が放映されて、とにかくほっとした。

オーロラの歌を聴け

オーロラからヒューヒューと音が聴こえるという人がいるが、私には聴こえたことがない。

2012年9月、私はカナダのアサバスカ観測所に滞在し、オーロラからの電磁波を捉えるアンテナを建てる、という塩川和夫さんの研究をお手伝いすることになった。塩川さんは歌を歌う。私もギターを弾いて歌を歌う。東北大学の「みんな歌う会」というサークルの先輩後輩という関係でもあるのだ。アサバスカでは夜になると、コヨーテの遠吠えが不気味に響く。ビーバーは、その丈夫な歯で白樺を削り倒してダムを建てていた。そして、私の担当は、まっさらなロフトに高速カメラを立てることだ。

電磁波をとらえるアンテナを使うと、宇宙からピヨピヨと鳥の鳴き声が聞こえる。といっても、実際に磁気圏が音波を発生させているわけではない。磁気圏という巨大電気うなぎが発声している電磁波をラジオに通すと、ピヨピヨと不思議な音が聴こえてくるのだ。

この電磁波は、小鳥たちのさえずりを表す「コーラス」の名で呼ばれている。ディフューズオーロラを光らせる電子が、磁気圏の中に大量に溜め込まれるときに、その電子のサイクロトロン運動によって発生する電磁波だ。このコーラスが鳴り出すと、きれいにバウンス運動して地磁気に捕らえられていた熱い電子が、その運動を狂わせ、大気に叩き落とされる。自分たちで作った電磁波で、仲間の電子たちが叩き落される、という、電磁波と電子の不思議な関係がここにある。

そして、このコーラスがピヨピヨと鳴り出し鳴りやむリズムが、ポヨポヨと脈を打つオーロラのリズムの正体ではないか、という説が、いま有力な仮説として考えられているのだ。熱い電子を詰め込み過ぎると、勝手にピヨピヨ・ポヨポヨするというわけだ。アンテナはピヨピヨを狙い、カメラはポヨポヨを狙う。これは現在進行中の実験だ。

コーラスが原因だと考えれば、脈動オーロラの0・3秒変調はすっきり説明できる。コーラスは、ピヨピヨピヨっと1秒間に3回くらい聞こえるからである。NHK収録のおかげで発見された、さらに1桁速い脈動オーロラの変化は、その1ピヨの中に見られる内部変調と考えることもできる。このように、アンテナとカメラによって、オーロラを高速でとらえることが、この身近な宇宙空間で自然発生している電磁波と電子の不思議な相互作用を可視化できる唯一の手段かもしれない。つまり、目には見えないプラズマの波動や電磁波が宇宙空間で生まれ消えゆく姿を、私たちの目に見えるようにしてくれているのが脈動オーロラなのかもしれないのだ。

ヴァンアレン帯や脈動オーロラの解明を目的とした日本の人工衛星が、間もなく打ち上げられようとしている。電磁波と電子の相互作用を、現場で直接観測しようという計画だ。こういった宇宙からの観測と、前述の地上からの観測とが連携することによって、想像を超えた面白い展開が、ますます広がっていくに違いない。意味不明でミステリアスな新種のオーロラは、今も発見され続けているのだ。オーロラは、よく考えてみればわからないことだらけであり、これからも理論的な予想を裏切り続けてくれるだろう。オーロラの真の姿に迫る挑戦は、まだ始まったばかりなのだ。

コラム  動かないハウル

私は、人間の目の限界を超えたオーロラ映像に興味があります。２０１３年10月、できあがったばかりの岡三デジタルドームシアター「神楽洞夢《かぐらどうむ》」（三重県津市）というデジタルプラネタリウムで次世代の高解像度映像に囲まれた瞬間、自分でも何か始めなければと思い、この「ハウル」と呼んでいる合成カメラを作りました。

ハウルは、５台のカメラを東西南北と上向きに向ける構成で、縦横チグハグに直角に配置するよう設計しました（図19）。やりすぎ感ハンパないフォルムが気に入っています。このラフな設計を１週間ほどの急ピッチで実物にしてくれたのは、日本科学技術振興財団の糸屋覚さんです。

できるだけ美しい写真を撮るため、ニコンの一眼レフカメラで最もピクセル数の多いＤ８００Ｅというカメラを使いました。後の画像処理の研究のため、視野を十分にオーバーラップさせるべく、対角魚眼レンズを使いました。正確な時刻と位置情報を記録するためにＧＰＳユニットを取りつけ、５台同時にシャッターを切る遠隔操作と大容量データ記録のためにＵＳＢ３・０でパソコンに接続しました。ハウルで得られる半球一枚絵の画素数は上半球のみで８０００万ピクセルで、従来の全天周映像と比べると約10倍のピクセル数

です。

まずはハウルを組み立て、現地での撮影に踏み切り、次に画像合成の研究、そして上映実験です。ちょうど撮影から1年後の2015年2月13日、ヴァンアレン帯デーの前日に、このインスピレーションを受けた神楽洞夢で8Kオーロラを公開できたことはいい記念になりました。ハウルと神楽洞夢を使って、オーロラを5台で撮影して5台で投影する、ということを初めて実演できたのです。今までの魚眼写真とはまるで違って、どこを見ても歪まずに異様にキレイという特徴があり、観測の現場にいるような錯覚を覚えるほどに、目と脳がだまされることがわかりました。今は5台構成で、まだ直径8Kという空間分解能ですが、原理的には際限なくピクセル数を増やすことができます。リアルなオーロラの世界をまるごと持って来られる日も、案外近いのかもしれません。

図19　5台のカメラを組み合わせた「ハウル」。

4 3D時代のオーロラ研究

アラスカの、満天から降ってくるような星くずを背景にオーロラはゆらめいていた。私は、人間がもし第三の眼を頭の上に付けている動物であったなら、世界観は変って、馬鹿々々しい戦争など、地上から消えるのではないかと思った。

——斎藤尚生『オーロラ・彗星・磁気嵐』(共立出版、1988年)

3Dプラネタリウムをオーロラに

オーロラの3Dプラネタリウム上映に挑戦しよう。そう決心したのは、ちょうど私が理化学研究所から東京工業大学(東工大)に異動する2009年の春のことだ。そんな新しい映像を上映する最高の場ができたばかりの頃だった。その、北の丸公園にある科学技術館の「シンラドーム」では、毎週土曜日の午後に「ユニバース」という科学ライブショーが開催されていた。私は、2010年の6月にはこの「ユニバース」の案内役に任命され、オーロラの3D上映に挑戦する様子を、月に1度くらいのペースで親子向けに紹介していくことになる。

科学ライブショー「ユニバース」というのは、大学生の有志たち「ちもんず」がプラネタリウム上映設備の操作を担当し、私のような研究者が40分間の司会進行を務めるイベントだ。毎回案内役が異なり、毎回ゲストをお呼びして、あらゆる分野の最先端の話を紹介してもらう、という形式をとっている。当時五段だった糸谷哲郎竜王に足を運んでいただき、コンピュータ将棋に勝つ極意についてご講演いただいたこともある。ジャンルを問わず共通して言えることは、最先端を走る本人たちが語る熱い話には、たとえどんなに内容が難しくても、子供たちの目をキラキラさせる力がある、ということだ。

さて、シンラドームというのは、3Dメガネをかけてリアルな宇宙旅行を体感できる、直径10mのデジタルプラネタリウムである。このシンラドームを2008年に開発した高幣俊之《たかへい》さんは理研の同僚であり、約20年前にこのユニバースを創始した戎崎俊一さんは、理研での私のボスだった。ある日のこと、「オーロラも3Dで見られないかな？」という戎崎さんのつぶやきが、私の研究生活を大きく変えてしまった。新型のデジタルプラネタリウムで、手で触れそうな飛び出すオーロラ映像に包まれるというのは、どんなものか面白そうだ、くらいの軽いノリで、なにはともあれ私はやってみることにした。本当にオーロラが立体的に見えるかどうかは誰にもわからない。できるかどうか、やってみなければわからないことは、実際にやって確かめてみよう、と私は思った。実行力は自分が決めるのだ。

原理は単純だ。視差のある、右目用の映像と左目用の映像を用意する。たったこれだけ。オーロラは高さ100kmほどで光っているので、両目の間隔は5～8kmくらいがちょうどいいだろう。

私はそれまで、ほとんど触ったこともなかったデジタル一眼レフカメラと魚眼レンズを2セット用意し、東工大の屋上2地点を駆け回り、AさんとB君の要領で、東工大の元気な学生たちと一緒に、数kmの高さだと思われる夕焼け雲の立体視から練習を始めた。オーロラと近い高さで光っているはずの、しし座流星群を狙って、急きょ真夜中の九十九里浜へ突撃したこともあった。南北10kmの距離でフォーメーションを組んで間もなくのこと、雨が降り出してきて悲しかった。あの夜、急なお願いにもかかわらず、徹夜で付き合っていただき、そして運転までしていただいた宮本英明さんには、この場を借りて深くお礼申し上げます。

2010年1月、いよいよ本番がやってきた。シャッターを切り続けるように設定した魚眼カメラをアラスカのポーカーフラット実験場に設置し、そこから5km離れた地点へトラックで走り、もう1つのカメラで同時に撮影した。

1度目は、ポーカーフラットに戻ってみたらカメラが止まっていた。2度目は、走って目的地に着いたらオーロラが消えていた。そして3度目。3度目の正直、と祈りながら、またしてもトラックを走らせた。幸い、オーロラは消えていなかった。三好由純さんと交代で、寒さに震えながら秒針を読み上げ、何度もシャッターを切った。寒すぎて1時間くらいが我慢の限界だった。東京に戻り、高幣さんに相談し、その1時間の写真をシンラドームに3D投影してもらった。3Dメガネをかけてみると、なんと飛び出て見えるではないか！

といっても、この初期の映像は、科学ライブショーで上映しても、3Dに見えないという人も3割くらいはいた。とにかく、たった1時間程度のデータではたっぷりと観察もできず、どうにもならないこともわかった。しかし、たった1時間とはいっても、このデータを生身で撮影するのはなかなか大変だった。徹夜後の帰り道ではトラックがパンクして、イリジウム電話を使って吹雪の中レスキューされたということもあって、もっと楽をしたいと切実に考えた。もっと楽に、もっと長時間にわたってオーロラの3D写真を撮り続けるには、どうしたらいいだろうか。

アール・ツー

私は形から入るタイプである。アラスカ大学の倉庫をうろうろしていたある日のこと、私はある金属の箱と、運命的な出会いを果たした。その愛くるしいフォルムを見て「！」とフ

図 20　「アール・ツー」と三好由純氏。

ォースを感じ、映画『スターウォーズ』のアール・ツー・ディー・ツーを連想した。「もともと屋外でオーロラを観測するために設計したものだけど、縦長で使いづらいので、もう使っていないから好きにしていい」というハンプトンの言葉に目をウルウルさせ、さっそく中身をバラして立体視測定のために改造した。かなり厳しい自然環境の中で、何ヶ月も屋外に置いても大丈夫だったという実績があるので、とても心強い。

時は映画『アバター』が公開になった3D元年の2009年。そして、一定間隔でシャッターを切り続けるインターバル撮影の流行もこれに重なった。私は奇しくも時代の波に乗り、放送文化基金の助成を受けて「オーロラ3Dプロジェクト」を立ち上げ、疲れを知らないオーロラ撮影ロボット「アール・ツー」を作ったのだった(図20)。

アール・ツーの中身を紹介しよう。まず、ファンとヒーターが取りつけられており、寒くなると自動でスイッチオンして体温を調節する。外気温がマイナス40℃でも、アール・ツーの中は氷点下にならない快適な温度を保つ。この中に、小さなノートパソコンを入れて魚眼カメラを接続する。これだけ。アール・ツーの中からは電源ケーブルを外に伸ばしている。電源を差して、無線LANが届く場所に置けば、世界のどこからでも操作できるオーロラ観測ロボットのできあがりだ。東京の地下鉄からオーロラの写真を撮っていたこともある。

2013年からは、熊谷誠さんの協力により、ポーカーフラット実験場から8km離れたオーロラ・ボリアリス・ロッジに、このアール・ツーを設置。シーズンを通した立体視観測に成功している。

3Dオーロラ上映

本書をここまで書いてきて、私が東北大学の先輩たちを頼りすぎてきたことが、じわじわと明らかになってきた。さらに私は先輩を頼る。立体測定の修士論文を書かれてからニコンに就職した福西研究室の先輩・土岐剛史さんのことを思い出し、いきなり無茶なメールを送信した。ベストの機材を使いたい。しかし、とても高価で買えないので貸してほしい、と聞いてみたのだ。そして幸運にも、ニコン社内でオーロラの3D撮影計画をご説明する機会を作っていただき、3D撮影に必要な機材を提供していただけることになった。毎年、3D映像のクオリティーを上げる努力を重ねた。ニコンの方々にはデジカメの正しい使い方を根気強く訓練していただいた。そうして、これまでに100万枚を超えるオーロラ写真を撮影してきた。

魚眼カメラで撮影した映像は、高幣さんの作られたアマテラス・メディア・プレイヤーでエンコードし、再生し、投影する。このソフトがなければ、3Dオーロラの研究も進まなかった。そしてアマテラスのおかげで、月に1度くらいのペースで、実にさまざまなタイプの上映会や講演会を行うこともできた。私はアマテラスのヘビーユーザーなのだ。

私は後輩も頼る。上映会や講演会の多様性は、福西研究室の後輩、小野梨奈さんに負うところが大きかった。卒業してからウェブデザインの仕事をしていた彼女には、当時流行し始めたツイッターを取り入れたウェブサイトaurora3d. jpを立ち上げる仕事を担っていただいた。ツイッターなしでは接触できなかったであろう多くの方々と知り合い、実際にコラボできたのだ。

それから、立体視研究の専門家の助けを借りられないかとググってみて、なんと東工大の同じ建物のすぐ下の階にドンピシャの研究者がいる！ということで突撃訪問した東京工業大学の田中正行さん、それから東京大学の山下淳さん(当時は静岡大学)の協力も受けて、とうとう、子供たちがジャンプしてオーロラをつかもうとするくらいの映像ができてきた(口絵7)。

オーロラの3D映像の完成度が極まってきたある日のテスト上映中、そのあまりの美しさ、より具体的には、立体感と透明度に感動し、私はオーロラの奥行きが逆算できることを確信した。人間の脳は、この立体映像を透明感があり奥行き感がある美しいカーテンとして認識できているのだから、オーロラの高さ分布――すなわち、オーロラのどの部分がどのくらいの高さにあるのか――も、今までにない詳しさで測定できるかもしれない。ちなみに、この時の映像が、2014年10月から2015年2月にかけて、上野の国立科学博物館の特別展「ヒカリ展」の3Dオーロラシアターで展示した映像だ。

オーロラの高さを巡る100年前の物語は、第1章で詳しく紹介したとおりである。その現代版ともいえる、オーロラの高さを知る試みについて、ここで紹介しておこう。

オーロラ・トモグラフィ

第1章で少し紹介したように、オーロラの色は、高さを知るヒントになる。光っている原子や分子の種類が特定できれば、その原子や分子が光りやすい高さ、というのが、ざっくりとは決まっているからだ。

では、もっと正確にオーロラの高さを求めるにはどうすればいいだろう。有名な方法を紹介しておこう。赤と青を使う。

オーロラの赤は酸素原子から、青は窒素分子イオンから出る。ロクサンとヨンニーだ。この赤の光だけを通すフィルタと、青の光だけを通すフィルタを通した写真を別々に撮影し、その明るさの比を求めておく。

そしてこれとは別に、あるエネルギーの電子を大気に打ち込んだときに、赤と青の明るさの比がどのようになるか、というモデル計算を行い、電子のエネルギーと赤：青の比の対応表を作っておく。すると、赤：青の比がわかれば、写真に撮ったオーロラの元となる電子のエネルギーが推定できるようになる。そして、電子のエネルギーが高いほど、低い位置で光ることから、オーロラの高さも計算できる。この方法は、オーロラの高さを求めるというよりも、むしろ大気に降ってくる電子のエネルギーを求める方法として使われている。

より洗練されたオーロラの高さ分布の推定法としては、トモグラフィと呼ばれる手法がある。この手法では、複数台のカメラを50 kmほどの間隔で並べることで、まったく見た目の違うオーロラを同時に観測する。そして、前述と同様のモデルを使って、すべての地点でのオーロラの見た目を再現するオーロラの3次元的な形をコンピュータ上で構築する。こうすることで、オーロラの高さ分布だけでなく、大気に降り注いできた電子のエネルギーも、いっぺんに逆算できるのだ。

しかし、このような複雑な逆算を行うオーロラ・トモグラフィは、それなりの設備を整え、研究チームを構え、国際協力によって実現することになる。三角測量のように、もっとダイレクトに簡単に、オーロラの高さ分布を細かく測定できないだろうか。それを実現したのが、私が開発した立体視法である。

オーロラの立体視測定法

立体的にオーロラが見えているということは、人間の目と脳が連携して、オーロラへの距離感が掴めているということである。その距離感を数値データとしていっぺんに取得するには、どうしたらいいだろうか？

最も単純に考えれば、右目と左目で見えた位置の違い、つまり「視差」を求めればよいだろう。近くのものは視差が大きく、遠くのものは視差が小さく見えるからだ。しかし、視差を求めるには、両目で共通に見えている箇所を特定しなければならないので、どう特定したらよいか、という問題が発生してしまい、あまりシンプルではなくなってくる。もっとシンプルにするには、どうしたらいいだろうか？

ここでも、コンピュータは疲れ知らず、を利用すればよい。もし、左目で見ているオーロラの一部が高さ100kmで光っているならば、右目ではこの位置にこう見えるはずだが、果たして、そのように見えているか？というテストを行う。違うようならば高さ110kmを仮定して同じことを繰り返す。また違えば120kmを試す。こうして模様が一致する高さを見つける。この作業を、オーロラを、たくさんの細かい部分に分けて行うことで、細かくオーロラの高さ分布を求めることができる(口絵8)。

実は、この手法は、スーパーサイエンスハイスクール指定校の諏訪清陵高校の高校生たちに協力していただき、手作業でやってみたことがあった。そのときの大変だった手作業を、疲れを知らないパソコンにやってもらうことにしたのである。この高校生たちとの取り組みを国際学会で発表した時には、オーロラ界の大御所から真っ先にクレームがついた。「その求め方では、三角測量と同じだからうまくいかないし、立体的に見えるというのも、もしかすると人間は錯覚の生き物だからかもしれない」というコメントだった。私は、試作段階で自信もなく、つたない英語で煮え切らない返事しかできなかったので、学会会場の聴衆は全員その大御所の意見を信じてしまったと思う。しかし、大御所だからといって、正しいとは限らない。鵜呑みにしてはいけないのだ。私は自分の直感を信じて、まずは大御所の意見を無視して研究を進めることにしたのだった。

ちなみに、左目の視野でここにあるものが、この距離感なら右目の視野ではここに見えるはず、という計算を正確に行うためには、2つのカメラを正確に同じ方向を向けて配置しなければならない。しかし、私はカメラを、ごく適当に配置している。その場合はどうしたらよいか。オーロラを撮影すると必ず映っている、星空を使えばよいのである。星空があれば、カメラをぴったり同じ方向を向けて撮影した写真に後から復元できるのだ。この復元プログラムは、静岡大学大学院生の森祥樹さんが作ってくれた。

いまいちど、三角測量との違いについて強調しておきたい。第1章で紹介したように、オーロラの三角測量をするには、20 kmや30 kmといったかなりの距離をとる。そうすることで、オーロラを見る角度が、見る場所によってはっきり違ってくるために、その違いから正確な高さが求められる。しかし、それだけ見る角度が違ってしまうと、逆にオーロラの見た目も、かなり違ったものになってしまうという問題もある。

一方で、立体視測定法の場合には、立体視できるほど右目と左目でオーロラの見た目が似ているわけで、見た目が違う、という問題はない。つまり、要はあまり距離をとりすぎないことがポイントで、この離れすぎない適切な距離というのが、オーロラの3D上映を繰り返してみてわかった思わぬ収穫だったのだ。そして、今の疲れを知らないコンピュータの力も借りることで、このように今まで誰も試したことがなかった方法で、新しい科学的な測定法を作ることができた。このオーロラ立体視の試みは、科学普及という目的から始まって、研究成果へ発展した珍しいタイプかもしれない。

全地球的な観測ネットワークへ

オーロラの高さがわかると、オーロラを光らせる宇宙からの電子の流れが、大気のどれほど深くまで影響を与えているかがわかる。そして、立体視測定の一番のウリは、デジカメの価格が高くないことと、誰でも撮影できるということだ。低いコストで密なネットワークが作れるため、オーロラの高さ推定の精度も上げやすく、測定範囲も広げやすい。つまり今後、インターネットでオーロラ写真を集め、市民参加型による全地球的な観測ネットワークが実現できれば、オーロラを通して宇宙と地球の接点を広く詳しくモニターできるようになるのだ。

たとえば、前章で紹介したディフューズオーロラ。夜明け前に脈を打ちながら、ふわふわと東へ移動するオーロラだ。このディフューズオーロラを作る電子は、上空80～90kmの大気を電離し、その結果として窒素酸化物を作っている。窒素酸化物は、いったんできると消えにくく、数ヶ月かけてじわじわと成層圏にまで降りてきて、やがてオゾン層を破壊する触媒となる。立体視観測ネットワークから、このディフューズオーロラの高さと、地球規模の水平分布を求めることで、オゾン層破壊を通した宇宙から気候への影響の大小を、データに基づいて評価できるようになるかもしれない。ディフューズオーロラの影響によって、オゾン層が大量に破壊されているのかもしれないし、そうではないかもしれない。

オーロラの高さは、逆に気候変動の影響も受けるはずだ。気候変動によって大気の高さ分布が変わるなら、オーロラの高さも微妙に変わってくるかもしれない。オーロラの高さの測定を長期的に継続することで、宇宙と地球のつながりを知るための大切な手がかりがまた見えてくるだろう。

データを捨てる観測

デジカメを利用した研究は、いま思わぬ方向へ展開を始めている。2014年11月、国立極地研究所に滞在して私とともに研究している東京大学大学院生の福田陽子さんは、全天周デジカメ写真を使って、今オーロラが出ているかどうかを自動判定し、オーロラが出ていないときの高速撮像データは積極的に捨てる、という新しいオーロラ観測をアラスカで実現した。そのアイデアはこうである。

オーロラの高速カメラで得られるデータは容量が大きすぎるため、全データは保存できない。たとえ全データを保存できたとしても、視野の中にオーロラがないことや、曇っていることも多いため、ほとんどは無駄なデータで後処理も大変だ。これらの問題を解決するには、私たちが現地で「高速カメラでオーロラを撮りたい！」と思うようなときだけ撮ってくれるロボットがいればよい。福田さんは、そういうロボットを実際に作って、そんなオーロラ観測を初めて実現したのだ。

いまオーロラが出ているかどうかを知るために、いつも私たちはデジカメで空を撮影し、その写り具合を見て判定している。この判定作業を、機械学習でパソコンに覚えさせておく。判定は「当たる」ことが重要で、その判定方法はブラックボックスでよい。そして、そのパソコンが「オーロラ有り」と判定したときだけ、全力でオーロラの高速撮像を始め、「オーロラ無し」と判定したら高速撮像を中断するように仕組んでおくのだ。これで、必要なデータだけが得られるというわけだ。

いまは、約4ヶ月の全自動ロボット観測を無事に終えたところだ。こうして得られたデータは、アークパケット、フリッカリング、速い脈動オーロラはもちろん、残像を残して高速回転する世にも不思議なオーロラなど、宝の山である。今後の研究により、オーロラの真の姿がひとつひとつ解明されていくことだろう。

コラム  アンティーク・プロジェクタ

私がノルウェー北部の水辺の町、トロムソを訪れたのは、2014年2月末のこと。さらに北の、北緯78度にあるスピッツベルゲン島に設置されている高速カメラを見学に行く旅の途中に、2日間だけトロムソ大学に立ち寄ることにしたのです。

　初対面のビヨルン・グスタブソン教授にピックアップされて、ダウンタウンからドライブすること約10分、丘の上にあるトロムソ大学のオーロラ観測所にたどり着きました。ここで私は、電話おじさんことカール・ステルマーの絵（第1章参照）を見たのです。その後、ビヨルンのオフィスに招かれ、エスプレッソを淹れていただき、ずっと溜め込んでいたオーロラの速い動きに関するいくつかのアイデアについて片端から議論するうちに、あっという間に日が暮れました。

　翌日、観測所の廊下を歩いていると、「ここは、あのステルマーの観測所だよ」とビヨルンが教えてくれました。しかし私は、それよりもまず、特別にアレンジしていただいた午後のセミナーの90分間を、どう面白くするかで頭がいっぱいでした。私のセミナー講演の題目は「立体視によるオーロラの高さ測定」。ただ、トロムソ大学の研究者はポップな立体視測定に興味を持つだろうか、と不安でした。

図 21　ステルマーが 100 年前に使っていたプロジェクタ。

しかし、セミナーは思いのほか盛り上がり、質問の嵐となりました。セミナーが大好評に終わった直後、「いいものを見せてあげよう」と、ビヨルンの同僚マグナルのオフィスに呼ばれました。なんとそこには、ステルマーが１００年前、三角測量に使っていたというカメラやプロジェクタが、アンティークとして置いてあったのです(図21)。カメラもカメラですが、このプロジェクタもプロジェクタです。ステルマーは、まさにこのプロジェクタを使って、2地点で同時に観測したオーロラ写真を壁に映し、星の位置を合わせ、オーロラの正確な高さを初めて求めたのです。

そう、私は奇しくも、オーロラ観測の原点といえる場所で、その原点に触れるセミナー発表をしていたのでした。オーロラの高さが初めて突き止められた観測所で、できたてホヤホヤの新しいオーロラの高さ測定方法について、その現場の研究者たちと議論できたことは、私にとって特別な記念になりました。

5 オーロラの過去・現在・未来

大国主神が海岸に立って憂慮して居られたときに「海を光して依り来る神あり」とあるのは、或は電光、或は又ノクチルカのやうな夜光虫を連想させるが、又一方では、極めて稀に日本海沿岸でも見られる北光《オーロラ》の現象をも暗示する。

——寺田寅彦「神話と地球物理学」(『文学』１巻５号、１９３３年)

キャリントンのツバメ

１８５９年９月１日、巨大な黒点をスケッチしていた天文学者のキャリントンは、黒点が突然まぶしく光り出したことに動揺していた。装置に穴が開いたのではと二度見したほどだ。彼は、太陽フレアを見た初めての人間である。キャリントンが見たのは、今では白色光フレアと呼ばれている、フレアの中でも最大級のものだ。このフレアよりも大きな規模のものはそれ以降、現在まで一度も起こっていない。そしてこの翌日のこと、世界中で極めて珍しいことが起こった。日本でも、ハワイでも、オーロラが見られたのである。

キャリントンは当時、フレアとオーロラの対応について報告をしたものの、「一羽のツバメが夏を呼ぶわけではない」という注意書きを添えるのを忘れなかった。そして、それから33年後の1892年においてすら、「電磁気学に従えば、オーロラの原因が太陽フレアであるとは考えられない」と、当時のトップ科学者のケルビン卿は結論していた。それほどまでに、オーロラは謎の現象だったのだと実感できる話である。オーロラ物理学の急展開は、「キャリントンフレア」と名づけられたこのフレア発生から半世紀後、オーロラ発生装置を発明したビルケランドと、それを見てオーロラの解明に乗り出したステルマーの登場を待つことになる。

ハトを惑わす磁気嵐

世界中の地磁気が数日もの間、一時的に激しく乱れる現象は、磁気嵐と呼ばれている。エネルギーの高いプラズマは、地磁気に捕らえられると、その地磁気自体を弱めてしまうような性質をもつ。つまり、エネルギーの高いプラズマが地球の近くに大量に持ち込まれるとき、地球全体の磁場が弱くなる。これが磁気嵐の正体だ。

磁気嵐は数時間から半日ほどかけて発達し，数日間かけて元の状態に戻る。磁気嵐の日にハトレースをすると，ほとんどのハトが迷子になって戻ってこないということで，磁気嵐中のハトレースは禁止されている。磁気嵐の数日間には，オーロラの輪が何度も激しく爆発し，激しい電流が流れるため，カナダなど緯度の高い地域では，その誘導電流によって変電所がダウンして停電してしまったこともある。

大きな磁気嵐を起こす原因は，コロナ質量放出である。コロナから無理に引きちぎられた強力な磁場は，縄のようにねじれていることが多い。したがって磁場の「南北成分」がある。コロナ質量放出が地球を直撃した場合，地球は1日中，このねじれた磁場の中におかれることになるので，磁気圏は何時間も同じような向きの強力な磁場にさらされることになる。そして，地磁気に対して南向きの磁場が数時間つづくタイミングで，オーロラが何度も何度も爆発し，磁気嵐が発生する。これは，何度も何度もオーロラが爆発するにつれて，地球の近くにエネルギーの高いプラズマが溜め込まれていくからだ。つまり，強い磁気嵐を作るには，オーロラを活発にさせるのと同様の条件，速い太陽風スピードと強い南向きの磁場を，長い時間つづけることが必要なのだ。

キャリントンフレアでは，非常に磁場の強いコロナ質量放出が猛スピードで地球を直撃したために超巨大磁気嵐が発生し，世界中でオーロラが見られたと考えられている。この当時，日本は江戸時代末期の安政6年。何か国内で問題が発生したという話は聞いたことがないが、欧米ではそうでもなかったようだ。たとえば、映画『天空の城ラピュタ』のムスカも使っていたモールス信号の「電信」は被害を受けていたようで、ボストンのステート通り31番地の電信局では朝9時半に過電流が発生し、機器に接続されていたバッテリーを外して（誘導電流で）営業を続けた！という記録が残っている。火災が起きた電信局もあったようだ。

今再び、同じようなコロナ質量放出と、それに引きつづく巨大磁気嵐が地球を襲ったら、何が起こるのだろうか。前述の停電被害が一番心配だが、ほかにも人工衛星の故障や、国際宇宙ステーションの急降下など、今のハイテク社会ならではの宇宙災害が次々と起こるかもしれない。

今夜、日本でもオーロラが！

2012年1月23日、大規模な太陽フレアが観測された。もしかすると、今晩にでも大きな磁気嵐が起こり、北海道でオーロラが見られても不思議はない――と思った私は、ツイッターで「日本でもオーロラが見られるかもしれない」とつぶやいた。この発言は、インターネット上のニュースサイトに取り上げられ、瞬く間に日本中に広がった。東工大の私のオフィスに問い合わせの電話が殺到し、夜には「報道ステーション」（テレビ朝日）から緊急取材がくるほどの騒ぎを引き起こしてしまった。

フレアの規模が大きいほど、それだけ派手にエネルギー解放が起こっているわけなので、コロナ質量放出も速いものが出てくることがある。しかし、大きなフレアが起こっても、コロナ質量放出が出ないこともあるし、速いコロナ質量放出が出ても、フレアには気づかないこともある。このとき、私が脈ありと考えた根拠の一つは、フレア後に地球に降り注いできた、稀に見るおびただしい量の「太陽プロトン」だった。

コロナ質量放出のすさまじい勢いで衝撃波が発生し、それによってコロナや太陽風の陽子の一部が光速に近いスピードにまで加速され、地球に降り注いでくることがある。これは太陽プロトン現象と呼ばれており、特に強烈な場合には、高緯度を飛ぶ航空機パイロットの被ばくも引き起こす。2012年1月23日にはまさにこの太陽プロトン現象が観測され、しかも非常に規模が大きかったので、非常に速いコロナ質量放出が出たことがわかったのである。

しかし、ここで基本を思い出してほしい。強い磁気嵐を作るには、スピードも大事だが、もう一つ、強い南向きの磁場が必要だ。2012年1月25日、地球に届いたときのコロナ質量放出の磁場はたしかに強かったが、ずっと北向きだった。そのため、それほど大きな磁気嵐にはならず、結果として日本からオーロラが見られるほど、オーロラが緯度の低い地域に広がることはなかったのである。

大きな磁気嵐のときには、緯度の低い地域でもオーロラが現れることがある。そうしたオーロラの多くは、酸素原子の赤が強く、普通のオーロラとは違って、はっきりとした形をもたない。高さ300～600kmといった、普通のオーロラよりも高いところで光っているため、たとえ緯度の高い地域で発生した場合でも、緯度の低い地域からも観察できることがある。古文書にも、こうしたオーロラの記録が残されている。たとえば日本最古の歴史書、日本書紀に、推古天皇28年(620年)12月30日、「天に赤き気あり。長さ一丈余。形雉尾に似たり」と書かれているのはオーロラのことだろう。

北海道の北部で、やはり大きな磁気嵐のときにオーロラが見られたことがある。しかし2004年11月を最後に、そのような大きな磁気嵐は起こっておらず、オーロラも出ていない――という原稿を執筆中の2015年3月18日、いきなり大きな磁気嵐が発生した。私はツイッターで、北海道でもオーロラを撮影できる可能性があると興奮気味に叫びながら、とうとう徹夜してしまった。朝の5時半になり、「北海道でオーロラの観測に成功したかもしれない、しかし本物でしょうか」というメールと3枚の写真が届いた。なよろ市立天文台の中島克仁さんが北の空を撮影した、その写真が口絵9だ。まさに磁気嵐の発達のタイミングで、肉眼では確認できないほど暗いオーロラだったが、写真には写っていた。

北海道ではこのほか、陸別町と上士幌町でも低緯度オーロラが撮影された。北海道でのオーロラ出現は11年ぶりとあって、翌日のテレビ番組などでも取り上げられ、広くお茶の間の話題になったようだ。

この大きな磁気嵐を引き起こした太陽フレアの規模は、実は小さなものだった。このため誰もが油断しており、いざ磁気嵐が始まるまでは、まさかこれほど大規模になるとは誰も思っていなかった、という事実は、書き残しておくべきだろう。たとえフレアが小さくても、吹き飛んだコロナ質量放出が十分に速く、磁気圏を包み込む南向きの磁場が十分に強ければ、このように大きな磁気嵐が起こるのだ。これとは対照的なのが、2014年10月に何度も発生した大規模フレアで、このときはコロナ質量放出が観測されず、磁気嵐も起こらなかった。磁気嵐の予報が当たるようになるには、地球を包み込むコロナ質量放出のスピードと、磁場の強さと向きを、フレア直後に予測できればよい。これらは、これからの研究者に残された課題であり、予測を実現するにはさらなる研究が必要だ。

天災は忘れた頃にやってくる

茨城県の柿岡地磁気観測所は、2013年に100周年を迎えた。観測所の場所をこの柿岡にすべく助言したのは、「天災は忘れた頃にやってくる」というフレーズでお馴染みの寺田寅彦である。寺田寅彦は、ブレークアップのときに発生する地磁気の変化を日本で初めて測定したという話や、ビルケランドに関する「B教授の死」という随筆など、オーロラともゆかりが深い物理学者だ。この由緒正しい地磁気観測所に、百周年記念行事で初めて訪れた私は、不思議な歴史のつながりを身近に感じて感動し、またいつもの研究生活に戻っていた。

そんなある日のこと、この柿岡の100年の地磁気観測データを分析することで、とてつもなく大きな磁気嵐が起こる確率が求められるのではないか?と思いついた。たとえば世界中でオーロラが見られるような磁気嵐は100年に1回あるかどうかわからないが、ニューヨークでオーロラが見られる程度の磁気嵐は毎年のように起こっている。この「大きな磁気嵐ほど起きにくい」という法則を統計的に分析すれば、巨大磁気嵐の発生確率を求めることができるのだ。

日本の各地、たとえば東京でオーロラが見られるかもしれないようなキャリントンフレア級の巨大磁気嵐が近い未来に起こる確率は、たぶん無視できるほど低いだろう。そう私は思っていた。というのも、いま、太陽活動はどんどん低下しつつあるからだ。

柿岡地磁気観測所のデータは、はじめの10年間ほどの印画紙記録はすべて東京に保管されており、関東大震災で焼失していた。そしてその後の10年間は、過去100年で黒点数が最も少なかった年代だ。つまり柿岡には、今とよく似たとても弱い太陽活動の年代も含む、過去90年ほどの地磁気データの蓄積がある。

さて、この柿岡の磁場測定データをもとに計算すると、今後10年間でキャリントンフレア級の巨大磁気嵐が起こる確率は、5%程度だと推定された。なんとも微妙な数値である。何か比較するものがないだろうか。

2013年2月15日、ロシアのチェリャビンスクに隕石が落ちて、その衝撃波によって負傷者が数多く出た。寒い時期なのに、隕石から出た衝撃波が地上に伝わってたくさんの窓ガラスが破壊され、とても心配だった。あれよりもワンサイズ大きな隕石が落ちると、1908年にやはりロシアで起きた「ツングースカ爆発」の規模となり、もし都心に落ちれば、山手線全体がまるごと消えるほどのインパクトである。このサイズの隕石が地球のどこかに落ちてくる確率は、同じ分析方法を使うと、今後10年で1%となる。

つまり、キャリントン級の磁気嵐が起こる確率は、それよりは少し高い。ただ、隕石は被害がわかりやすい一方で、手の打ちようがない。それに対して磁気嵐のほうは、実際の被害がどうなるか複雑で、よくわからない一方、被害をあらかじめ最小限に抑えるための衛星運用や変電所の運用など、対策はしやすい。これは大きな違いである。

ここまで、大きな磁気嵐や激しいオーロラ活動のことを心配してきた。これとは逆に、オーロラが作れないほどに太陽風のスピードが遅く、その磁場が弱くなってしまうような状況というのは、あまり心配しなくてもいいのだろうか？

屋久杉が知る宇宙

屋久島のトロッコ道は大雪で閉ざされていた。朝6時から登山を始めて、もう昼を過ぎた。時間切れである。トロピカルな屋久島で、まさか雪にやられるとは思っていなかった。そろそろ下山を始めなければならない。

2011年1月末、私たち東工大の研究チームは、年輪の成長を記録する装置のデータ回収もままならないまま下山し、温泉に浸かって気を鎮め、居酒屋ポパイで始まっているという、屋久島高校の先生たちの宴会に突撃した。

屋久島には、長寿の杉が多い。中でも樹齢1000年を超える杉は屋久杉と呼ばれている。栄養の乏しい地に根を張り長年生きてきた屋久杉は、その年輪一枚一枚に、地球と宇宙の情報を記録している。この屋久杉の年輪に含まれている炭素原子や酸素原子を詳しく調べることで、過去1万年ほどの地球の気候からオーロラ活動まで、さまざまなヒントを得ることができる。

太陽の光をたくさん浴びた年ほど年輪は太くなる。だから、年輪から地球の気候変動について情報が得られるのは想像しやすいが、宇宙のことがわかるとは、いったい何事だろうか。この原理を理解するには少し説明を要する。苔むす森から、いったん天の川へと飛び立とう。

地球の大気には、太陽プロトンよりもエネルギーが高い陽子がつねに降り注いでいる。この陽子は天の川銀河の中を漂い地球に降ってきたものなので、銀河宇宙線と呼ばれている。銀河宇宙線の量が増えると、大気中の窒素原子が叩かれて、通常の炭素12よりも中性子2つ分だけ重たい炭素原子が生まれる。この炭素14を含む二酸化炭素は、普通の炭素12を含む二酸化炭素と一緒に空を漂い、やがて樹木の成長に伴って年輪に取り込まれる。つまり、年輪中の炭素14の割合は、当時の銀河宇宙線の強さに比例するのだ。

陽子は磁場によって、その進路をクルクルと曲げられる。その原理は、オーロラの電子と同じだ(図17参照)。銀河宇宙線は陽子なので、太陽系へと進んできても、太陽風の磁場がバリアのように立ちはだかる。このため、地球が周回しているような太陽系の中心にまで来られる陽子は少ない。さらに、太陽風の磁場が強ければ強いほど、地球にやってくる銀河宇宙線は減ってしまう。オーロラが活発になるとき、つまり太陽風の磁場が強いときには、地球に到来する銀河宇宙線が弱まり、年輪中の炭素14は減ることになる。このようにして、過去1万年ほどの太陽活動を、屋久杉の年輪から調べることができるのだ。前述の気候変動のデータとあわせれば、それらの間の関係性も推定することができる。

オーロラが消える日

ハレーすい星で有名なイギリスの天文学者ハレーは、オーロラをずっと見たいと願っていた。ハレーが初めてオーロラを見たのは1716年3月16日。当時60歳である。場所はロンドンなので、磁気嵐が発生していたのだろう。しかし、なぜ60歳になるまでオーロラが見られなかったのか。

1645～1715年には、太陽黒点がほとんど観測されていない。この70年間は「マウンダー極小期」と呼ばれている。前に述べたとおり、黒点の少ないときは、太陽風の磁場も弱くなっていることが予想される。そしてじっさい、この期間の屋久杉年輪に含まれる炭素14の割合を調べてみると、前後の期間と比べて、その割合は多くなっていた。つまり、太陽風の磁場が弱かったために、銀河宇宙線のバリア機能が長期的に低下していたことを、屋久杉は記録していたのだ。長いマウンダー極小期の終わりに現れたオーロラを、ハレーは見たのだろう。

このマウンダー極小期の間には、世界のいたるところで「異変」が見られている。たとえば長野県の諏訪湖では、厳しい冬の寒さで凍った湖面上に亀裂が走りせり上がる「御神渡り」と呼ばれる現象が多数記録されている。また、京都の春の桜の開花が5月に遅れたことも知られている。国外に目を向ければ、イギリスではテムズ川が凍り、川の上で市場が開かれていた絵画が残されているし、イタリアではこの時代の年輪が緻密な木材を使って、ストラディバリウスと呼ばれるヴァイオリンの名器が作られた。太陽活動が長期的に不活発だったこの時代には、地球全体が寒冷化していたのだ。

第3章で述べたように、太陽の黒点数は約11年周期で増減を繰り返している。屋久杉の年輪はもちろん、この周期も写し出す。炭素14の割合は約11年周期で増減しているのだ。さらに、マウンダー極小期のように長期的に太陽活動が弱まる前兆として、太陽活動の基本リズムである11年周期が数年間ほど長くなることも、屋久杉の年輪を調べることで明らかになっている。前回の周期を見ると、1996〜2009年の約13年間に伸びており、そして今の太陽活動は予想に反せず弱まっている。2009年は、太陽の黒点がほとんど見られなかったことでも有名で、過去50年の観測史上で最も銀河宇宙線が強くなった年でもある。太陽活動が長期的に不活発になる兆候が見えてきた今、宇宙と地球をつなぐ未知のプロセスを学ぶための重大なヒントを、屋久杉が教えてくれているのかもしれない。

2008年までの50年間は、マウンダー極小期とは逆に、太陽活動が非常に活発だった時代だ。しかし今の太陽は、活発な時代から不活発な時代へと急激に移り変わっている。10年後には、あまりオーロラが出なくなるような、とても弱い太陽活動に突入しているかもしれない。不活発な太陽活動とはどのようなもので、近い将来の宇宙の環境やオーロラ活動はどうなるか、そして、その気候への影響はどのようなものか、実はまだよくわかっていないのだ。つまり、太陽風の弱体化について「あまり心配しなくてもよいのだろうか？」の答えとしては、けっこう心配であることがわかった。さて、地磁気はどうだろうか。

オーロラは生命バリア機能の証

銀河宇宙線から地球上の生命を守るバリアとなっているのが、まさにオーロラを作る三大要素である太陽風、地磁気、大気である。つまり、オーロラを知るということは、宇宙に住むためのバリア機能を知る、ということでもあるのだ。つねに、今この瞬間も、太陽風と地磁気は銀河宇宙線を大幅にカットし、カットしきれなかった銀河宇宙線は大気が吸収している。そして、これらの三大要素のどれか1つでも欠ければ、いまのようなオーロラは光らないし、銀河宇宙線による被ばく量がずいぶん増えることにもなる。

このバリアのひとつ、地磁気が、どんどん弱まっていることはご存じだろうか。実は地磁気は、100年に5%くらいのペースで着実に弱くなってきている。今後数十年の推移が注目されているが、これくらいの変化は、もっと長期的に見れば誤差のようなものかもしれない。地磁気バリアが一番弱くなるのは、地磁気が反転するときだ。1000年単位で、地磁気が90%も弱くなる。地磁気反転のときの磁場は複雑なので、オーロラが世界中のあちこちに現れるだろう。

一番最近の地磁気反転は、約77万年前に起こっている。このときの地球の大気と地磁気の詳しい変化を知るヒントは、実はまだ南極大陸の氷の中に記録され、保存されている。屋久杉の年輪と同じように、氷の中には当時の空気が閉じ込められており、銀河宇宙線の影響で変化した大気成分も蓄積されているのだ。実際に、100万年前までの氷を掘り起こそうという計画がある。南極の氷にはロマンが詰まっていると聞いたことがあるが、宇宙と地球の壮大な物語も詰まっているようだ。眠っている過去の記録が掘り出されるとき、私たちは、この「地磁気は必要か?」という謎の解明に迫れるかもしれない。

オーロラはいつ生まれたのか?

1万年の屋久杉の年輪は、太陽風が弱いときのオーロラを知る手がかりとなり、100万年の南極の氷は、地磁気が弱いときのオーロラのヒントを教えてくれる。さらに時間を100倍、億年単位で過去にさかのぼると、地球の大気の移り変わりとオーロラの関係も見えてくる。

時間を初めからたどって考えてみよう。オーロラはいつ生まれたのか? 現在と似たような太陽風と、地磁気と、大気という奇跡の舞台は、いつ整ったのか？　この素朴な疑問には、宇宙に住む私たちにとって、とても重要な意味があると思う。

太陽風と地磁気と大気の、46億年の進化の物語だ。高速で回転する生まれたての太陽からの太陽風は、かなり強烈なものだっただろう。その太陽風の吹きすさぶ宇宙空間で地球が作られ、大気をまとい、地磁気が生まれた。数十億年の生命活動とともに酸素が増えて、いまのような色をしたオーロラが地球に光りはじめた。酸素の緑のオーロラが出る惑星は、植物にあふれた地球だけ。宇宙へ向けた生命のシグナルの点火の瞬間だ。

オーロラは、宇宙と地球の接し方の秘密を、人間の目にも見える形で見せ続けてきた。動物の侵入を拒む極寒の地に現れる、あまりにも謎めいた光は、探検家や科学者の興味を大いに刺激した。探求の結果、オーロラは宇宙と大気の接点で光っており、オーロラ発生の仕組みは、太陽風・地磁気・大気という、生命を育む宇宙と地球の大仕掛けであることもわかってきた。宇宙に生命が生まれるには、このような奇跡の舞台が必要だったのか？　いまの地球や私たち生命は、どういう段階にいるのか？　そして、地球や生命は、これからどうなるのか？

オーロラは、宇宙と接して生まれ、宇宙に生きている私たちの過去・現在・未来を知る道しるべとなる光だったのだ。宇宙には地球と似た星がたくさんあることがわかった今、オーロラを知るということは、私たちの住む地球のことを知るだけでなく、他の星の命の生まれやすさや住みやすさを計るための重要な手がかりにもなってくる。

オーロラはこれからも、地球と生命を俯瞰するような、生と死をつなぐような世界観を通して、私たちの考え方やものの見方を豊かにしてくれるだろう。

あとがき

本書の最初と最後の小見出しは、つい最近の講演会で、子供たちから問いかけられて「！」と私が固まってしまった質問です。執筆中に、根本的な疑問に気づかせてくれた子供たちに感謝します。

私は2013年の夏から国立極地研究所に勤めていますが、研究所からの旅費サポートを受けて、2014年の2月半ばから1ヶ月間、オーロラ研究で有名な、北欧の主要な研究所や大学をめぐる研究調査の一人旅をさせていただきました。その旅を通して、遠い目をしながらオーロラについて考えていたことが、この本の骨組みになっています。ステルマーがたびたび登場したのも、そのためです。

2014年の秋に開催された、たちかわ市民交流大学公開講座では、これまでの講演会で使ってきた講演資料を総動員し、「オーロラの最先端研究」と題して2時間たっぷり講演させていただきました。そこでお会いできた編集者の辻村希望さんには、本書の企画段階から的確なアドバイスをいただき、感謝しています。「文章を直しても怒らない人ですか？」と釘をさされてからのスタートでしたが、ついつい暴走気味の文章を書いてしまいがちな私としては、とても安心して書き進められました。

本書に書いてあるオーロラの立体視と高速撮像の研究は、それぞれ放送文化基金と山田科学振興財団からの助成をいただいたことにより、こうして実現できました。科学技術館の方々には、オーロラ立体視のための投影実験や上映イベントを、いつもフレキシブルに温かく支えていただきました。ニコンの方々からは、多大なるカメラ器材の提供とアドバイスを受け、根気強く手厚く支えていただきました。初期にお借りしたD3Sを2台とも破壊して返却したことについては、深く反省しております。本書に掲載したブレークアップの連続写真は、あのカメラたちの命がけのショットです。

最後に、本書の執筆中に北極圏で起こった日食の写真をご提供いただいたエリングセンさん、南半球で撮影された奇跡のオーロラ写真をご提供いただいたKAGAYAさんに感謝します。また、私のオーロラ研究をいつも温かく見守り、我慢強く励まし、ともに冒険してくれた仲間たちに、深く感謝します。

2015年9月

片岡龍峰

付録1　オーロラハンター3つの極意

序

オーロラは現地で、肉眼で見るのが一番。見たいオーロラ、ランキングナンバーワンは、やはりブレークアップでしょう。

空にうっすらと静かにオーロラが浮かんでいるような状態だからといって、暖かい室内で、お茶を飲んで油断しているとアウトです。オーロラは、たった数分間のうちに、それまでとは桁違いの明るさになり、針のようなオーロラが色鮮やかにひらひらと現れては消えて、空全体をダイナミックに埋め尽くしていきます。オーロラのひとつひとつは、散る桜のひとひらのように唯一無二であり、桜のひとひらのように繰り返されます。星空が次から次へとプラズマの桜吹雪に塗り替えられていくというのに、音も聴こえずに静まり返っていることが一気に不安を掻き立てます。1人でいると何だか、自分がPM2・5にでもなったかのような、本能的に恐ろしい気持ちになり、もう暖かい部屋に戻って大人しく閉じこもっていた方がいいような気がしてくることもありました。

ブレークアップは真夜中前後2時間くらいの時間帯で見られることが多く、ラッキーなときには一晩に複数回見られることもあります。いくら映像の技術が進歩しても、本物のブレークアップの圧倒的な迫力は再現できません。オーロラを見ることは、宇宙空間を見ること。人間の手には負えない大自然が目の前に広がっていく、宇宙スケールの開放感。そんなブレークアップを見逃さないために、現地でオーロラを研究してわかってきた「装備」「予見」「撮影」の3つの極意を、皆様に伝授しましょう。

装備

オーロラは圧倒的にマイペースです。慣れない土地で、あまり動かずに1時間も2時間も、待ちぼうけになるのは当たり前。電波はないからケータイで暇もつぶせない。寒くても何時間でも楽しめるように、全力で暖かい装備を用意するのが基本です。耳が痛くなり指先が冷える、足先も冷える。というわけで、帽子、手袋、スノーブーツは必須です。スキー場よりは寒い。

ちなみに、これまでの経験で私が最も感動した寒さ対策アイテムは、ポットにお湯、です。マイナス30℃の空の下、秘密兵器「ウイスキーのお湯割り」で心を鎮めながら何時間も待った、あの2011年3月1日の美しいブレークアップ(口絵5)は一生忘れられない思い出です。おつまみのチーズも最高でした。

磁気圏は、溜め込んだエネルギーを一度派手に解放してしまうと、再びエネルギーを溜めるのに、かなり時間がかかります。ブレークアップが何時間も人を待たせるのは、そのためです。平均的には、一度ブレークアップしてから再びブレークアップするまでには2～3時間ほどかかります。人間には長い時間ですが、心を無にして宇宙のペースに合わせるしかありません。

レンタカーを利用される場合は、厳しい自然の中でも安心感抜群の4輪駆動車をお勧めします。ちなみに、オーロラを見るために暗い郊外まで遠出するようなときの車の運転は、暗く、道が滑りやすく、さらに徹夜の疲れが溜まったりしているため、雪道に慣れたような方でも要注意です。トラックとすれ違うと雪が舞って、何も見えなくなることもあります。見たこともない動物がいきなり飛び出してきて、悲鳴を上げたこともありました。パンクして助けを呼ぶにもケータイが通じないとか、詰んでしまいます。オーロラを見に行くバスツアーの値段設定には、それなりの理由があると納得できます。

予見

オーロラを見るのにできるだけ都合のいい条件を、簡単なものから順番に整理します。

まず、第1章で紹介したように、オーロラは雲の上の高さで光っています。したがって、天気が悪ければオーロラは見られないので、快晴の続きやすい時期に見に行く、というのは基本中の基本です。

オーロラは、空が暗い時間帯に見られる現象です。夜の長い冬には、朝早く起きると空がまだ暗く、オーロラが出ていた！なんてロマンチックなこともあります。そして、犬ぞりなど真冬ならではの観光が楽しめるのも真冬。とてつもなく寒いということは、人生最低気温を更新できるチャンス、とも言えます。ちなみに私の自己最低記録はマイナス40℃です。いつか、マイナス70℃も体感したいと思っています。

やや細かいことを言うと、オーロラの現れ方は季節によって少し違います。活発なオーロラは、夏や冬よりも、春と秋に、数割増しで現れやすいのです。この原理は複雑です。太陽風の速度や磁場と、地磁気のなす角度が季節で変わり、磁気圏に流れる電流も変わります。春と秋には、われらの電気うなぎさんは、向かい風を真っ向から感じやすい泳ぎ方になり、いい磁場を感じて大いに刺激され、夏や冬よりも勢いよく発電できるのです。本書であちこちに出てくる「オーロラを目撃」という日付も、なぜか3月が多いことに気づいたでしょうか。特に3月を選んで紹介したわけではないので、とにかく3月は歴史的に当たり月と言えそうです。

オーロラの現れ方は年単位でも大きく変わります。11年周期と呼ばれる黒点数の移り変わりの中でも、「黒点数がピークの年から約3年間」が、オーロラの当たり年です。これは、第2章で説明した、コロナホールからの速い太陽風が安定して地球に吹きつけるためであり、そして、ときおり突発的に起こるコロナ質量放出が地球に直撃しやすいためです。

さらに、旅行計画にダイレクトに役立つかもしれない豆知識があります。活発なオーロラ日和は、27日で繰り返すことが多いのです。偶然にも3の3乗ですね。オーロラのラッキーナンバーは、やはり3なのでしょうか。

コロナホールや黒点は、いったん太陽に現れると、その場所や形を大きく変えずに何度も自転します。太陽は地球から見て27日で1回転するため、同じコロナホールからの速い太陽風や、同じ黒点と関連して噴出するコロナ質量放出が、27日後にも地球を包み込むことが多いのです。つまり、もしインターネットなどで、ここ数日オーロラが活発に見えた、との情報を得た場合には、カレンダーにメモしておき、その27日後に合わせて現地へ旅行してブレークアップに遭遇する確率を高める、という作戦が成立するのです。

撮影

オーロラを撮影するときは暗くて手元が見えないので、ヘッドランプが便利です。あらか

屋外デジカメ観測チームの奮闘の様子。ヘッドライトやペンライトの装備，三脚，魚眼カメラに注目。帽子，手袋，スノーブーツなど，服装も参考になるかもしれない。

じめ、真っ暗な場所でも速やかに三脚の調整ができるよう、またカメラの設定を自由に変えられるように練習しておくことが、シャッターチャンスを逃さない一番のコツでしょう。

ただ、美しい写真を撮るには、ピント合わせも重要です。素早くピントを無限遠に合わせられるように、星を点として写せるように、普段から星空で修業あるのみです。

シャッターを切るときは、手ぶれ防止にもなりますからレリーズを使うと便利です。

マニュアル設定の目安としては、ＩＳＯ感度１６００、露光時間3秒くらいに設定してシャッターを切り、あとはオーロラの明るさに合わせて変更していくといいでしょう。ホワイトバランスの設定で迷うときは、色温度を３４００付近に選ぶと、写真に写るオーロラの色が豊かになるようです。

オーロラは空全体に広がっています。右を見ても、左を見ても、後ろを見ても、オーロラです。したがって、迫力のオーロラ写真を撮るには、視野が広いレンズ、つまり焦点距離fが20mm前後といった広角レンズがよく使われています。そして、暗いオーロラも逃さずにシャープな写真を撮るには、F値が小さい大口径レンズが適しています。

氷点下20℃にも30℃にもなる屋外では、圧倒的な寒さによって電池の化学反応が鈍ります。あっという間にバッテリーが切れるので、予備のバッテリーを複数用意しておけば、長期戦も安心です。そして、屋外で撮影したあとに暖かい場所へカメラを持ち込むときには、結露に注意です。私は、外でSDカードを抜いたら、そのままカメラをジップロックに入れて、簡単なクーラーボックスに閉じ込めてから、暖かい場所へ持ち込んで朝まで寝かせています。

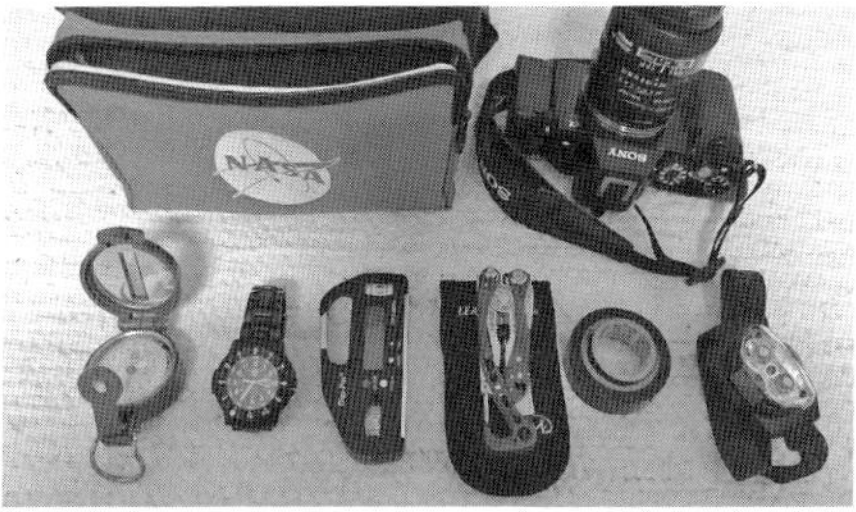

筆者がオーロラ観測のときに愛用していて，持っていると安心するもの。左上がクーラーボックス，左下から方位磁石，時計，角度計（カメラの仰角の確認に使う），万能ナイフ，遮光用の黒テープ，ヘッドライト。ちなみに右上は7つ道具ではないが，高感度デジカメ SONY α7S。

　美しいだけでなく、超レアな奇跡のオーロラ写真（口絵10）や映像を、インターネットで見かけては驚くことが増えてきました。そこで、私からオーロラハンターのみなさんにお願いがあります。正確な位置と時刻が写真に記録されるGPS機能があれば、ぜひ使っていただきたいのです。そうすることで、オーロラと一緒に必ず写る星座から、カメラを向けた方向を決定することができるため、みなさんの撮影されたオーロラ写真が、時代を超えて、貴重な科学データになるのです。オーロラの出やすい場所は、地磁気の変化とともに年々少しずつ移動しています。もしオーロラハンターのみなさんの協力を受けて、オーロラ写真をインターネットで結集することができれば、世界中のあらゆる場所から集まった、新種も含むさまざまなタイプのオーロラの発生分布などが、地球規模で、今までにない詳しさでわかってくるでしょう。

付録2　もっと詳しく知りたい人へ

オーロラについて、もっと詳しく知りたい、データも見たい、と思われた方も多いのではないでしょうか。そんな方へ、いつも私の手元の本棚に置いてある、お気に入りのオーロラ本を紹介します。ひとつひとつ入手して読んでいただければ、より広く、より深く、オーロラの世界に没入できることでしょう。

斎藤尚生『オーロラ・彗星・磁気嵐』(共立出版、1988年)
赤祖父俊一『オーロラ　その謎と魅力』(岩波新書、2002年)

オーロラの学問を作ってきた先生たちの書かれた、私の大好きな名作です。斎藤先生にも、赤祖父先生にもサインをいただき、とても大切にしています。私が、多くのかたにオーロラのことを知ってもらいたいと思う気持ちの源泉となった斎藤先生の言葉は、本文中でも引用させていただきました。一般向け。

上出洋介『オーロラ――太陽からのメッセージ』(山と溪谷社、1999年)
　ふんだんな写真と資料、言葉豊かな説明は、今読んでもワクワクがとまりません。最高のオーロラ資料集だと思います。本書では省略しましたが、宇宙時代におけるオーロラ研究の急激な発展についても、とてもわかりやすく解説されています。一般向け。

宮原ひろ子『地球の変動はどこまで宇宙で解明できるか――太陽活動から読み解く地球の過去・現在・未来』(化学同人、2014年)
　屋久杉や南極の氷から太陽活動を調べているマウンダー極小期の専門家、宮原ひろ子さんが、「宇宙気候学」という新しい学問について、わかりやすく解説しています。オーロラから、驚きの新世界が一気に広がることでしょう。大学生向け。

柴田一成・上出洋介編著『総説　宇宙天気』(京都大学学術出版会、2011年)
　オーロラと関連する研究の最新情報をギュッと詰め込んだ教科書です。当時ポスドクだった私は、この本の元になった「宇宙天気サマースクール」の校長を務めていました。本格的にオーロラを理解したい方は、ぜひ読破に挑戦してください。大学院生向け。

片岡龍峰

1976年，宮城県仙台市生まれ．2004年，東北大学で博士(理学)を取得後，情報通信研究機構，NASA ゴダード宇宙飛行センター，名古屋大学太陽地球環境研究所，理化学研究所，東京工業大学を経て，2013年から国立極地研究所准教授．2015年，文部科学大臣表彰若手科学者賞受賞．専門は宇宙空間物理学．オーロラ 3D プロジェクト代表．釣りと将棋が好き．

岩波 科学ライブラリー 243

オーロラ！

2015年10月7日 第1刷発行
2019年4月24日 第2刷発行

著 者 片岡《かたおか》 龍峰《りゅうほう》

発行者 岡本 厚

発行所 株式会社 岩波書店
〒101-8002 東京都千代田区一ツ橋 2-5-5
電話案内 03-5210-4000
https://www.iwanami.co.jp/

印刷 製本・法令印刷 カバー・半七印刷

ISBN 978-4-00-029643-4 Printed in Japan

●岩波科学ライブラリー〈既刊書〉

253 **巨大数**

鈴木真治

本体一二〇〇円

アルキメデスが数えたという宇宙を覆う砂の数、仏典の最大数「不可説不可説転」、宇宙の永劫回帰時間、数学の証明に使われた最大の数……などなど、伝説や科学に登場するさまざまな巨大数の文字通り壮大な歴史を描く。

254 **クモの糸でバイオリン**

大﨑茂芳

本体一二〇〇円

クモの糸にぶら下がって世間を賑わせた著者が、今度はクモの糸でバイオリンの弦を……!? 暗中模索、数年がかりで完成した弦が、やがてストラディバリウスの上で奏でられ、大反響を巻き起こすまで、成功物語のすべてをレポート。

255 **難病にいどむ遺伝子治療**

小長谷正明

本体一三〇〇円

原因がわからず治療法もないなかで患者と家族を苦しめてきた遺伝性の難病。医学の進歩によって理解がすすみ、治療の希望が見えてきた。歴史的エピソードや豊富な臨床体験を交えながら、発見の臨場感をこめて綴る。

256 **ゾンビ・パラサイト**
ホストを操る寄生生物たち

小澤祥司

本体一二〇〇円

ホスト(宿主)の体を棲み処とするパラサイト(寄生生物)の中に、自分や子孫の生存にとって有利になるように、ホストの行動を操るものが進化してきた。ホストをゾンビ化して操るパラサイトたちの精妙な生態を紹介。

257 **つじつまを合わせたがる脳**

横澤一彦

本体一二〇〇円

作り物とわかっているのに自分の手と思い込む。目の前にあるのに見落としてしまう。いずれも脳のつじつま合わせが引き起こす現象。このおかげで、われわれは安心して日常を生きていられる? 脳と上手につきあうための本。

258
黒川信重
ラマヌジャン探検
天才数学者の奇蹟をめぐる
本体一二〇〇円

わずか三〇年ほどの生涯のなかで、天才数学者ラマヌジャンが発見した奇蹟ともいえる公式の数々。百年後もなお輝きを失わないどころか、数学の未来を照らし出す。奇蹟の数式の導出からその意味までを存分に味わえる本。

259
広瀬友紀
ちいさい言語学者の冒険
子どもに学ぶことばの秘密
本体一二〇〇円

ことばを身につける最中の子どもが見せる面白くて可愛らしい「間違い」は、ことばの秘密を知る絶好の手がかり。大人からの訂正にはおかまいなく、言語獲得の冒険に立ち向かう子どもは、ちいさい言語学者なのだ。

260
真鍋　真
深読み！　絵本『せいめいのれきし』
カラー版　本体一五〇〇円

半世紀以上にわたって読み継がれてきた名作絵本『せいめいのれきし』。改訂版を監修した恐竜博士が、長い長い命のリレーのお芝居の見どころを解説します。隅ずみにまで描き込まれたしかけなど、楽しい情報が満載です。

261
窪薗晴夫　編
オノマトペの謎
ピカチュウからモフモフまで
本体一五〇〇円

日本語を豊かにしている擬音語や擬態語。スクスクとクスクスはどうして意味が違うの？　外国語にもオノマトペはあるの？　モフモフはどうやって生まれたの？　八つの素朴な疑問に答えながら、その魅力に迫ります。

262
千葉　聡
歌うカタツムリ
進化とらせんの物語
本体一六〇〇円

地味でパッとしないカタツムリだが、生物進化の研究においては欠くべからざる華だった。偶然と必然、連続と不連続……。行きつ戻りつしながらもじりじりと前進していく研究の営みと、カタツムリの進化を重ねた壮大な歴史絵巻。

定価は表示価格に消費税が加算されます。二〇一九年四月現在

●岩波科学ライブラリー〈既刊書〉

263 徳田雄洋
必勝法の数学
本体一二〇〇円

将棋や囲碁で人間のチャンピオンがコンピュータに敗れる時代となってしまった。前世紀、必勝法にとりつかれた人々がはじめた研究をたどりながら、必勝法の原理とその数理科学・経済学・情報科学への影響を解説する。

264 上村佳孝
昆虫の交尾は、味わい深い…。
本体一三〇〇円

ワインの栓を抜くように、鯛焼きを鋳型で焼くように——!? 昆虫の交尾は、奇想天外・摩訶不思議。その謎に魅せられた研究者が、徹底した観察と実験で真実を解き明かしてゆく、サイエンス・エンタメノンフィクション！［袋とじ付］

265 山内一也
はしかの脅威と驚異
本体一二〇〇円

はしかは、かつてはありふれた病気で軽くみられがちだ。しかしエイズ同様、免疫力を低下させ、脳の難病を起こす恐ろしいウイルスなのだ。一方、はしかを利用した癌治療も注目されている。知られざるはしかの話題が満載。

266 鎌田浩毅
日本の地下で何が起きているのか
本体一四〇〇円

日本の地盤は千年ぶりの「大地変動の時代」に入った。内陸の直下型地震や火山噴火は数十年続き、二〇三五年には「西日本大震災」が迫る。市民の目線で本当に必要なことを、伝える技術を総動員して紹介。命を守る行動を説く。

267 小澤祥司
うつも肥満も腸内細菌に訊け！
本体一三〇〇円

腸内細菌の新たな働きが、つぎつぎと明らかにされている。つくり出した物質が神経やホルモンをとおして脳にも作用し、さまざまな病気や、食欲、感情や精神にまで関与する。あなたの不調も腸内細菌の乱れが原因かもしれない。

268
小山真人
ドローンで迫る　伊豆半島の衝突
カラー版　本体一七〇〇円

美しくダイナミックな地形・地質を約百点のドローン撮影写真で紹介。中心となるのは、伊豆半島と本州の衝突が進行し、富士山・伊豆東部火山群・箱根山・伊豆大島などの火山活動も活発な地域である。

269
諏訪兼位
岩石はどうしてできたか
本体一四〇〇円

泥臭いと言われつつ岩石にのめり込んで70年の著者とともにたどる岩石学の歴史。岩石の源は水かマグマか、この論争から出発し、やがて地球史や生物進化の解明に大きな役割を果たし、月の探査に活躍するまでを描く。

270
岩波書店編集部編
広辞苑を3倍楽しむ　その2
カラー版　本体一五〇〇円

各界で活躍する著者たちが広辞苑から選んだ言葉を話のタネに、科学にまつわるエッセイと美しい写真で描きだすサイエンス・ワールド。第七版で新しく加わった旬な言葉についての書下ろしも加えて、厳選の50連発。

271
廣瀬雅代、稲垣佑典、深谷肇一
サンプリングって何だろう
統計を使って全体を知る方法
本体一二〇〇円

ビッグデータといえども、扱うデータはあくまでも全体の一部だ。その一部のデータからなぜ全体がわかるのか。データの偏りは避けられるのか。統計学のキホンの「キ」であるサンプリングについて徹底的にわかりやすく解説する。

272
虫明　元
学ぶ脳
ぼんやりにこそ意味がある
本体一二〇〇円

ぼんやりしている時に脳はなぜ活発に活動するのか？　脳ではいくつものネットワークが状況に応じて切り替わりながら活動している。ぼんやりしている時、ネットワークが再構成され、ひらめきが生まれる。脳の流儀で学べ！

●岩波科学ライブラリー〈既刊書〉

273 **無限**

イアン・スチュアート　訳 川辺治之

本体一五〇〇円

取り扱いを誤ると、とんでもないパラドックスに陥ってしまう無限を、数学者はどう扱うのか。正しそうでもあり間違ってもいそうな9つの例を考えながら、算数レベルから解析学・幾何学・集合論まで、無限の本質に迫る。

274 **分かちあう心の進化**

松沢哲郎

本体一八〇〇円

今あるような人の心が生まれた道すじを知るために、チンパンジー、ボノボに始まり、ゴリラ、オランウータン、霊長類、哺乳類……と比較の輪を広げていこう。そこから見えてきた言語や芸術の本質、暴力の起源、そして愛とは。

275 **時をあやつる遺伝子**

松本 顕

本体一三〇〇円

生命にそなわる体内時計のしくみの解明。ショウジョウバエを用いたこの研究は、分子行動遺伝学の劇的な成果の一つだ。次々と新たな技を繰り出し一番乗りを争う研究者たち。ノーベル賞に至る研究レースを参戦者の一人がたどる。

276 **「おしどり夫婦」ではない鳥たち**

濱尾章二

本体一二〇〇円

厳しい自然の中では、より多く子を残す性質が進化する。一見、不思議に見える不倫や浮気、子殺し、雌雄の産み分けも、日々奮闘する鳥たちの真の姿なのだ。利己的な興味深い生態をわかりやすく解き明かす。

277 **ガロアの論文を読んでみた**

金 重明

本体一五〇〇円

決闘の前夜、ガロアが手にしていた第1論文。方程式の背後に群の構造を見出したこの論文は、まさに時代を超越するものだった。簡潔で省略の多いその記述の行間を補いつつ、高校数学をベースにじっくりと読み解く。

定価は表示価格に消費税が加算されます。二〇一九年四月現在